YVERDON

Sigrist / Sigrist, Rote Pfeile

Sandro Sigrist / Heinz Sigrist

Rote Pfeile

Die legendären Schweizer Triebwagen

GeraMond

Titelbild: RAe 4/8 Nr. 1021 auf Sonderfahrt bei Glanson am 12. Juni 1997.
(Foto: Christian Frauenknecht)

CIP-Einheitsaufnahme
Rote Pfeile:
Die legendären Schweizer Triebwagen /
Sandro Sigrist, Heinz Sigrist. – 1. Auflage
München: GeraMond Verlag, 2000
ISBN 3-932785-26-6
NE: Sandro Sigrist, Heinz Sigrist

ISBN 3-932785-26-6

1. Auflage 2000

Mitarbeiter der Redaktion: Sandro Sigrist, Heinz Sigrist, Hans-Bernhard Schönborn, Vally Gohl, Bruno Hitz, Beat Bruhin, Christian Frauenknecht, Patrick Rudin, Urs Bösiger, Andreas Spaar, Sébastien Jacobi, Ulrich Kamber, Rainer Siegenthaler, Karl Meyer, Eduard Alt, Ronald Gohl

Redaktion und Lektorat: Edition Lan AG, Zug
Grafische Gestaltung: Philipp Marti
Herstellung: Peter Schneider
Druck: Druckerei Heichlinger GmbH, Garching-Hochbrück
Printed in Germany

Vorwort

Die etwas älteren Eisenbahnfans unter uns haben die Einführung der „Roten Pfeile“ noch als Buben erlebt – zur Zeit von Dampf- und Stangenloks ein technischer Quantensprung.

Doch nicht nur die Technik der über 125 km/h schnellen Fahrzeuge (der „Tatzelwurm“ beschleunigte auf seiner Rekordfahrt von 1938 gar auf 178 km/h!), sondern auch das Design war der Zeit weit voraus. Die aerodynamisch geformten „Roten Pfeile“ waren die ungekrönten Schweizer Schienenstars, die aber auch im benachbarten Ausland viel Beachtung fanden. Auch die Modellbahnbranche – Märklin, Wesa oder Hag – nahm sich des „Roten Pfeils“ an. Dieses Modell durfte auf fast keiner Anlage fehlen, es war der Bubentraum schlechthin.

Die Zeiten haben sich geändert. Die Jungen von heute sind von Video-Games fasziniert, und das Auftauchen eines neuen Schienenstars wie des ICN lässt ihre Augen längst nicht mehr aufleuchten.

Und doch gibt es auch noch viele jugendliche und junge Eisenbahnfans! Besonders hoch zu werten ist, wenn sich diese auch für ältere Fahrzeuge interessieren, die vielleicht nur noch als Museumsstücke unterwegs sind. Und gerade hier ist der Gedankenaustausch zwischen Jung und Alt gefragt, denn wer die Roten Pfeile noch in ihrer wichtigsten Einsatzzeit erlebt hat, weiss mit Sicherheit viel darüber zu erzählen.

Und wenn sich dann jemand sogar noch der Geschichte eines Fahrzeugs animmt, so ist das allemal ein wertvoller Beitrag, um Jugenderinnerungen oder Industriedenkmäler der Nachwelt zu erhalten.

Wir sehen darin eine Bereicherung und freuen uns über jeden jugendlichen, jungen oder junggebliebenen Eisenbahnfan.

Zug, im Juli 2000 Ronald Gohl

Inhalt

1 VORGESCHICHTE

Oben: RCe 2/4 Nr. 606 Umbau im Jahre 1952 durch die SBB-Werkstätte Zürich
Nächste Seite: Der historische Rote Pfeil der SBB, RAe 2/4 Nr. 1001 bei Müllheim (29.03.1997)

BILDER: FOTO-SERVICE SBB (SEITE 9), CHRISTIAN FRAUENKNECHT (SEITE 10)

1/1 Die kleinen „Roten Pfeile“

Leuchtend rot präsentiert sich 1935 der fabrikneue CLe 2/4 Nr. 201 in Oerlikon dem MFO Werkfotografen

Bild: MFO/Archiv Verkehrshaus

Die Schweizerischen Bundesbahnen waren gerade einmal 17 Jahre alt, als sie 1919 die elektrische Traktion einführten. Man wählte den Wechselstrom mit einer Spannung von 15 000 Volt und einer Frequenz von 16,7 Hz. Als erstes Teilstück elektrifizierten die SBB ihre rund 30 km lange Aaretalstrecke von Bern über Münsingen nach Thun, wo die private BLS Lötschbergbahn eine Fortsetzung ins Berner Oberland oder nach dem Wallis bot. Die BLS-Bergstrecke war nur sechs Jahre zuvor eröffnet worden. Ihre Erbauer wählten bereits damals die elektrische Traktion (15 000 Volt, 16,7 Hz), was als grosse Pionierleistung galt.

Doch zurück zu den Bundesbahnen und ihrer Aaretalstrecke. Als erste elektrische SBB-Linie hatte sie die Ehre, oder vielmehr die Pflicht, zahlreiche Versuchslokomotiven zu beherbergen. Galt es doch, diverse Loktypen für ungleiche Anforderungen zu testen, da zudem noch die baldige Aufnahme des elektrischen Betriebes am Gotthard bevorstand. Die Schweizer Industrie stand damals grossen Herausforderungen gegenüber, denn während der folgenden 15 Jahren lieferten die Firmen rund 500 Strecken-, und Rangierloks an die SBB aus!

Als die SBB 1923 ihre ersten Triebwagen in Betrieb nahmen, betrug die

Oben: Zwei SBB-Veteranen („Grossmutter" Ce 6/8 I Nr 14201 sowie Roter Pfeil RBe 2/4 Nr. 207) geben sich beim Depot Bern ein Stelldichein! (18.07.1971)

Länge der elektrifizierten Strecken lediglich rund 300 km. Doch es wurden zusehends mehr. Bis 1928 gelangten vorerst 46 Motorwagen der Baureihen Ce 4/6 (zuletzt Be 4/6 Nrn. 1601–1619) sowie Fe 4/4 (zuletzt De 4/4 Nrn. 1661–1685) zur Auslieferung. Danach trat eine kurze Pause im Triebwagenbau ein. Einzig ein paar ganz wenige Einzelgänger fanden noch den Weg vom Hersteller auf die SBB-Geleise.

Durch die oben genannte Auslastung der Industrie musste die Entwicklung neuer Fahrzeuge, besonders solcher für den leichten Personenverkehr, etwas in den Hintergrund treten. Später verzögerte ein empfindlicher Rückgang im Personenverkehr weitere Vorstösse in Richtung Leichttriebwagen, dies obwohl derartige Triebfahrzeuge im Ausland als Dieselversion schon seit Jahren mit Erfolg im Einsatz standen. Die Verzögerung sollte sich für die SBB jedoch lohnen, wie die Schweizerische Bauzeitung vom März 1938 zu berichten wusste:

„Die Pause war übrigens kurz, und sie fiel insofern günstig, als gerade in jener Zeit erstmals der Stand der Technik es möglich machte, den Bau verhältnismässig leichter Eisenbahnwagen mit rohrförmigen Kasten aus hochwertigen Materialien in biegungs- und druckfester Konstruktion zu wagen. Es bedurfte unter anderem der hohen Entwicklung der Technik des autogenen und elektrischen Schweissens, die erlaubte, statt der genieteten fast ausschliesslich geschweisste Konstruktionen anzuwenden, um diese Umwälzung im Bau von Eisenbahnfahrzeugen zu ermöglichen. Die gleichzeitigen Fortschritte in der Herstellung gewisser Bauteile aus Leichtmetall von hinreichender Festigkeit, wie auch die Entwicklung der theoretischen Berechnung und praktischen Messung der Spannungen in komplizierten Tragkonstruktionen trugen das ihre dazu bei. Die SBB können sich glücklich schätzen,

BILD: URS BÖSIGER

Rechts: Ab den Vierzigerjahren konnten die kleinen Roten Pfeile beschränkt Anhängwagen mitführen

BILDER: K. WYRSCH/ARCHIV VERKEHRSHAUS (OBEN), SLG. SVEA (UNTEN)

dass die erwähnte Pause ihnen erlaubte, die in der Entwicklungsperiode von ausländischen Bahnverwaltungen gemachten, oft schmerzlichen Erfahrungen abzuwarten. Die Verdichtung des Personenzugfahrplans wurde dadurch nicht verzögert, da beim elektrischen Betrieb leichte Triebfahrzeuge hiefür keine unerlässliche Voraussetzung sind, besonders nicht für eine Bahn mit Energieversorgung aus eigener Wasserkraft."

Oben: Der RCm 2/4 Nr. 612 verlässt als Zug Nr. 1110 nach Crassier den Bahnhof von Nyon

BILD: ARCHIV BLS LÖTSCHBERGBAHN

Mit den 1935 gelieferten Motorwagen Ce 2/4 (zuletzt ABDe 2/8) begann für die BLS und ihre mitbetriebenen Bahnen das Zeitalter der Leichttriebwagen

Die ersten Studien zum Bau von sogenannten Leichttriebwagen begannen bei den SBB Anfang der Dreissigerjahre. Gleichzeitig beschäftigte sich die Lötschbergbahn ebenfalls mit der Beschaffung solcher Fahrzeuge, die vor allem auf den ehemals mitbetriebenen Linien (zuletzt BN, GBS und SEZ) ihre Verwendung finden sollten. Im Jahre 1935 stellte die BLS ihre ersten Leichttriebwagen in Betrieb. Der Erfolg war gross, so dass über Jahre hinaus weitere derartige Fahrzeuge in Dienst genommen wurden.

Doch wieder zurück zu den SBB-Leichttriebwagen. Das von den Bundesbahnen ausgearbeitete Pflichtenheft schrieb den Herstellerfirmen im Wesentlichsten folgende Anforderungspunkte vor:

Im Gegensatz zu den BLS-Leichttriebwagen, die über Zug-, und Stossvorrichtungen verfügen, sollten die SBB-Fahrzeuge als Alleinfahrer vor allem schwach frequentierte Schnellzüge, Personenzüge sowie Schnellzugsanschlusszüge (Tramzüge) mit deutlich verkürzten Reisezeiten führen. Des weitern waren Gesellschaftsfahrten vorgesehen. Ein grosses Beschleunigungs- und Verzögerungsvermögen war ebenso eine Bedingung wie die Höchstgeschwindigkeit von 125 km/h (bislang waren auf dem SBB-Netz nur 100 km/h gestattet). Auch musste dem Reisenden gegenüber der Fahrkomfort gesteigert werden.

Inzwischen war die Elektrifikation soweit fortgeschritten, dass das Hauptinteresse vor allem einem elektrischen Leichttriebwagen galt. Hierfür gab es im Ausland jedoch keinerlei Vorbilder, weshalb die Industrie innert weniger Jahre wiederum Neuland betreten musste. Nebst zwei elektrischen Einheiten wurde trotzdem noch die Anschaffung zweier gleichartiger Dieselleichttriebwagen beschlossen, da diese auf den verbliebenen fahrdrahtlosen Strecken gegenüber den Dampflokomotiven er-

hebliche Einsparungen (kein Heizer) versprachen.

Noch 1933 bestellten die Bundesbahnen bei den Firmen SLM, BBC, MFO und SAAS die beiden Leichttriebwagen CLe 2/4 Nrn. 201 und 202. Im folgenden Jahr ging die Auftragserteilung zum Bau der zwei Dieseltriebwagen CLm 2/4 Nrn. 101 und 102 an die Firmen SLM sowie Sulzer. Nach einiger Verzögerung, ausgelöst durch eine der Elektrofirmen, gelangte der CLe 2/4 Nr. 201 erst am 15. März 1935 zur Auslieferung. Die schuldige Firma rechtfertigte den Verspätungsgrund öffentlich und machte dabei sogar die Bundesbahnen mitverantwortlich, da diese während der Konstruktion gravierende Änderungen einfliessen liessen. Der zweite Leichttriebwagen wurde am 6. Juni 1935 ausgeliefert, währenddem die beiden thermischen Fahrzeuge erst Anfang 1936 offiziell an die SBB übergingen. Der sofort eingetretene Erfolg führte bald zu einer Nachbestellung von vier weiteren elektrischen Schnelltriebwagen, die alle im Frühjahr 1936 zur Auslieferung gelangten. Eine siebte Einheit vervollständigte im Januar 1938 den Park dieser Fahrzeuggattung, währenddessen es, wie wir später noch sehen werden, bei zwei Dieselleichttriebwagen blieb. Die schnittige, pfeilartige Form sowie der knallrote Farbanstrich liess die Triebwagen nicht lange auf einen passenden Übernamen warten. Der Volksmund taufte sie schlicht und einfach „Roter Pfeil"!

Oben: Fünf kleine Rote Pfeile versammelt in Lugano. Der Motorwagen hinter dem Pfeil ganz links könnte der Jura-Pfeil sein!

Unten: Der Rote Pfeil, unterwegs mit SOB-Wagen

BILDER: FOTO-SERVICE SBB (OBEN), SLG. SVEA (MITTE)

Oben: Frisch umgebauter und verlängerter RCe 2/4 Nr. 606 im Jahre 1952 vor der HW-Zürich

Noch ein kurzes Wort zur Bezeichnung Schnelltriebwagen, wie die neuen Schienenflitzer auch genannt wurden. Mit ihnen kam erstmals die Bezeichnung „R" zur Anwendung. Dies weil die Roten Pfeile „...für die Fahrt mit aussergewöhnlich grosser Geschwindigkeit, sowohl in der Geraden wie in Kurven, gebaut sind, weshalb sie Schnelltriebwagen genannt werden!" Heute gibt es kaum noch SBB-Streckentriebfahrzeuge, die nicht nach der Zugreihe „R" verkehren können.

Fahrzeugbezeichnungen

Die Gattung „Roter Pfeil" erlebte eine ungewöhnlich hohe Anzahl Umzeichnungen und Umnummerierungen. Deshalb wird im Text wo immer möglich auf eine Bezeichnung ver-

Rechts: Die „Schnauzenansicht" des Dieselpfeils CLm 2/4 Nr. 102

BILD: SBB HW ZÜRICH/ARCHIV VERKEHRSHAUS (OBEN), SLG. SPAAR (UNTEN)

Links: Inbetriebnahmegespräche vor dem Dieselpfeil CLe 2/4 Nr. 102

zichtet. Sollte dies nicht möglich sein, so wird die in der beschriebenen Zeitspanne gültige Bezeichnung genannt. Eine komplette Tabelle mit allen Umzeichnungen bzw. Umnummerierungen findet der interessierte Leser im Kapitel „Verbleib der Roten Pfeile".

Unten: Blick in den Führerstand eines Prototyppfeils (CLe 2/4 Nr. 201 und 202)

Bild: Slg. Spaar (oben), BBC/Archiv Verkehrshaus (unten)

1/2 Schnelltriebzüge „Tatzelwurm“

BILD: MFO/ARCHIV VERKEHRSHAUS

MFO-Werkfoto eines funkelnagelneuen Re 8/12 (vermutlich Nr. 502)

Mit der Inbetriebsetzung von insgesamt sieben kleinen elektrischen „Roten Pfeilen“ sowie zweier „Dieselpfeile“ war der Bedarf an Schnelltriebwagen vorläufig gedeckt. Zudem hatte sich mittlerweile gezeigt, dass diese Fahrzeuge die an sie gestellten Anforderungen nur bedingt erfüllen konnten. Trotz gewaltiger Kürzungen der Fahrzeiten wollte sich das Schweizer Reisepublikum keinesfalls mit Stehplätzen begnügen, weshalb die Schnelltriebwagen nicht selten zur Enttäuschung der Kunden wieder durch herkömmliche Züge ersetzt werden mussten. Für den fahrplanmässigen leichten Personenverkehr war daher neues geeigneteres Rollmaterial nötig, wozu man nach dem damaligen Stand der Entwicklung zwei Wege beschreiten konnte:

Der erste Weg sah den Bau von sogenannten Leichtstahlwagen vor, die in veränderlichen Zugsgarnituren von

Inspektionsarbeiten durch Fachpersonal an einem Tatzelwurm

Lokomotiven geführt werden sollten. Diese Wagen wurden schliesslich gebaut und mit grossem Erfolg zum Teil bis in die heutige Zeit eingesetzt (Südostbahn).

Der zweite Weg sah den Bau von sogenannten Schnelltriebzügen vor, die im Betrieb als unzertrennliche Einheit verkehren sollten. Das Mitführen von Beiwagen war dabei nicht vorgesehen. Die Bundesbahnen erklärten den Unterschied zwischen Triebwagen und Triebzügen in der Schweizerischen Bauzeitung vom März 1938 mit folgenden Worten: „Triebzug nennt man, in Anlehnung an die Bezeichnung Triebwagen, einen Wagen mit eigener motorischer Ausrüstung, eine Reihe von Wagen, vorwiegend für Personenbeförderung, die zum Teil oder sämtliche als Triebwagen gebaut und im Stande sind, den Triebzug allein, d. h. ohne Lokomotive zu fördern“.

Wie der erste, so wurde auch der zweite Weg gewählt. Im Frühjahr 1936 bestellten die Bundesbahnen deshalb zwei Schnelltriebzüge vom Typ BCLe 8/12 (Bezeichnung während des Baus in Re 8/12 geändert). Man war nach eingehenden Vorstudien zur Erkenntnis gekommen, dass ein dreiteiliger unveränderlicher Triebzug am besten den Bedürfnissen der damaligen Zeit entsprechen würde. Revolutionär war die geforderte Höchstgeschwindigkeit von 150 km/h, welche im Regelbetrieb gar nicht ausgefahren werden durfte!

Bild: Slg. Spaar

Rechts: Dreiteiliger Tatzelwurm des Typs Re bzw. RABFe 8/12

Am 8. Oktober 1937 lieferten die Firmen SLM, BBC, MFO und SAAS mit dem Re 8/12 Nr. 502 den ersten Schnelltriebzug an die Schweizerischen Bundesbahnen aus. Rund zwei Monate später, nähmlich am 1. Dezember führte eine ausgedehnte Pressefahrt den Zug quer durch die Schweiz. Die zweite Einheit behielt die Industrie vorerst im Werk zurück, um allfällige Kinderkrankheiten, die beim Zug Nr. 502 auftraten, noch beheben zu können. Am 17. Februar 1938 ging auch der Re 8/12 Nr. 501 offiziell an die SBB über. Der Volksmund hatte bald schon die passenden Übernamen wie „Schienenblitz", „Eierkopf" oder „Tatzelwurm" für die schnittigen Triebzüge gefunden, die im Gegensatz zu den kleinen „Roten Pfeilen" keine Vorbauten aufwiesen.

Unten: Die nach einem Brand verkürzte zweiteilige Einheit Re bzw. RABFe 4/8 im Bahnhof von Les Verrières

BILDER: BBC/ARCHIV BÖSIGER (OBEN), SÉBASTIEN JACOBI (UNTEN)

1/3 Der „Jura-Pfeil"

Bild: Slg. SVEA

Der hellgrün lackierte, und mit der orangen Aufschrift Flèche du Jura versehene Ce 2/4 Nr. 701 hat im Bahnhof Chambrelien seinen Anhängewagen umfahren und ist somit für die Talfahrt nach Neuchâtel bereit

Zwischen 1931 und 1934 elektrifizierten die SBB ihre Strecken Neuchâtel–La Chaux de Fonds–Le Locle sowie Biel–Sonceboz–La Chaux de Fonds, was zum Bedauern der betroffenen Gemeinden jedoch nicht zu einer Fahrplanverbesserung führte. Daher ergriffen diese selber die Initiative und riefen am 15. März 1937 in La Chaux de Fonds die Stiftung „La Flèche du Jura" ins Leben, welche den Zweck hatte, einen Leichttriebwagen vom Typ „Roter Pfeil" für die Durchführung eines regelmässigen Schnelltriebwagenbetriebes auf den genannten Juralinien zu beschaffen. Der Vater dieses Gedankens war der damalige Direktor der Zeitung „L'Impartial", Herr Guido Essig. Ihm standen nebst den betroffenen Gemeinden eine ganze Reihe von namhaften Herren zur Seite, die an diesem historischen 15. März 1937 zusammen mit den SBB einen Vertrag unterzeichneten. Dieser enthielt im Wesentlichsten die folgenden Abmachungen:

Die Stiftung „La Flèche du Jura" verpflichtete sich, den SBB einen Beitrag von 172 000 Franken für die Anschaffung eines elektrischen Triebwagens vom Typ Ce 2/4 zu bezahlen, wobei die erste Rate von 100 000 Franken bereits am 22. Mai 1937 fällig war. Die restlichen 72 000 Franken erhielt die Stiftung als Bundesbeitrag von der Zentralstelle für Arbeitsbeschaffung. Dafür mussten die SBB den fehlenden Restbetrag von 68 000 Franken (Gesamtkosten 240 000 Franken) selber aufbringen. Die Bestellung des Triebwagens, der zum Mitführen von Anhängewagen die nötigen Zug-, und Stossvorrichtungen erhalten sollte, hatte sofort nach dem Vertragsabschluss zu erfolgen. Das Fahrzeug ging als ausschliessliches Eigentum an die SBB über, musste dafür aber die Anschrift „Flèche du Jura" erhalten. Das Arbeitspensum des Triebwagens musste täglich 400 km betragen, wobei die zu befahrenen Strecken von der Stiftung, wie auch von den SBB festgelegt wurden. Diese sollten aber das Recht haben, den „Jura-Pfeil" durch eine andere Zugsgarnitur zu ersetzen, wenn die Bedürfnisse es erforderten. Zudem durfte das Fahrzeug für Gesellschaftsfahrten ab La Chaux de Fonds eingesetzt werden. Dieser Vertrag behielt seine Gültigkeit bis zum Fahrplanwechsel im Frühling 1957.

Ein weiterer Vertragspunkt war zudem, dass sich die Bundesbahnen verpflichten mussten, bereits ab dem 22. Mai 1937 zusätzliche Züge zwischen Neuchâtel und Le Locle sowie zwischen Biel und Le Locle mit Triebwagen anzubieten. Dieser verbesserte Fahrplan begann pünktlich zum vorgesehenen Termin, wofür die SBB einen Ce 4/6-Motorwagen mit einem CFt4-Steuerwagen einsetzten.

Erbaut durch die Firmen SLM, SIG, MFO und SAAS wurde der „Jura-Pfeil" mit der Bezeichnung Ce 2/4 Nr. 701 am 12. November 1938 an die Bundesbahnen ausgeliefert. Der hellgrün lackierte Triebwagen wich in seinem Äusseren stark von den „Roten Peilen" ab, da er keine Vorbauten besass. Zudem war die abgerundete Frontpartie wie erwähnt bereits von Anfang an mit den Zug-, und Stossvorrichtungen ausgerüstet. Am 24. November 1938 fand die offizielle Eröffnungsfeier im Beisein der Bevölkerung statt. Dabei hatte diese anlässlich von Sonderfahrten Gelegenheit, das neue Schienenverkehrsmittel zu testen. Vier Tage später nahm der „Jura-Pfeil" den fahrplanmässigen Betrieb in seiner künftigen Heimat auf.

Der leichte Jura-Pfeil trifft im Bahnhof Bern einen „schweren" Kollegen , Fe 4/5 Nr. 791, der Privatbahn Bern–Neuchâtel (BN)

BILD: FOTO-SERVICE SBB

1/4 Der „Churchill-Pfeil“

Roter Doppelpfeil Re 4/8 Nr. 301 im Ausstellungsareal der Landi 1939 in Wollishofen

Gegen Ende der Dreissigerjahre hatten die Ausflugs- und Gesellschaftsfahrten bereits einen grossen Beliebtheitsgrad erlangt. Eingesetzt wurden hierfür meist die kleinen „Roten Pfeile“, welche sich zuvor im Fahrplandienst als zu wenig leistungsfähig erwiesen. Doch auch im Gesellschaftsverkehr war die Nachfrage innert kurzer Zeit grösser als das Angebot an Fahrzeugen. Gleichzeitig befand man sich damals schon in Konkurrenz mit den Autocarhaltern, was den Kampf um die Gunst der Kundschaft auch nicht gerade leichter machte. Ein weiterer Punkt war noch die bevorstehende Landesausstellung, welche für 1939 in Zürich geplant war. All diese Gründe bewogen die Bundesbahnen schlussendlich, Ende 1937 einen Doppeltriebwagen in Auftrag zu geben. Die neue Einheit war ausschliesslich für den Ausflugs-, und Gesellschaftsverkehr bestimmt und musste deshalb eine dementsprechend gediegene Innenausstattung erhalten.

Am 3. Mai 1939 lieferten die Herstellerfirmen SLM, SWS, BBC, MFO und SAAS den roten „Doppelpfeil“ Re 4/8 Nr. 301 rechtzeitig zur Eröffnung der Landesausstellung ab. Das Fahrzeug entsprach in seiner Ausführung zwei kleinen zusammengefügten „Roten Pfeilen“. Zwei Tage vor der Landi-Eröffnung begab sich ein Lokführer ins SAAS-Werk nach Genève, um dort die nötigen Instruktionen zur Bedienung des Triebwagens zu erhalten. Tags darauf gings sachte auf nach Zürich! Im speziell angefertigten Austellungsbahnhof in Zürich-Wollishofen war der rote

BILDER: SLG. BIBER (SEITE 23), SLG. EDUARD ALT/FOTO-SERVICE SBB (SEITE 24), U.KAMBER/SLG. H. SIGRIST (SEITEN 24/25)

Rechts: Bereits im Eigentum des RMT ist hier der Churchill-Pfeil an den Gestaden des Thuner Sees unterwegs. Kumm, im August 1999

Unten: Sir Winston Churchill bei seinem Besuch im Jahre 1946

„Doppelpfeil" während der Landi 1939 zusammen mit anderen Schienenfahrzeugen ein vielbeachtetes Schaustück. Doch der Zweite Weltkrieg setzte dem Ausflugsverkehr ein abruptes Ende, so dass man für den stolzen Triebwagen nach der Ausstellung vorerst keine Verwendung mehr hatte.

Als Übernamen für den Schnelltriebwagen bürgerte sich anfänglich „Landipfeil" ein. Nach dem Besuch des britischen Staatsmanns Winston Churchills im Jahre 1946 – er fuhr mit dem Doppelpfeil durch die Schweiz – nannte man das Fahrzeug mehrheitlich „Churchill-Pfeil". Dieser Beiname ist auch heute noch geläufig.

SBB FFS

TELOC
BREMSEN
FAHREN

2/1 Mechanischer Teil

Anlässlich der Abnahmeprobefahrt stellt sich der Pfeil CLe 2/4 Nr. 201 dem Fotografen in Romanshorn (um 1935)

BILD: MFO/ARCHIV VERKEHRSHAUS

Die kleinen „Roten Pfeile“

Praktisch zeitgleich mit den elektrischen Leichttriebwagen CLe 2/4 Nrn. 201 und 202 entstanden auch zwei Fahrzeuge mit dieselmechanischem Antrieb, welche als CLm 2/4 Nrn. 101 und 102 bezeichnet waren und deren Konzept den Einsatz auf den damals noch nicht elektrifizierten Nebenstrecken vorsah. Abgesehen von ein paar technischen Änderungen in den Abmessungen, bedingt durch den Einbau des Dieselmotors und Ölschaltgetriebes, waren die beiden Typen fast baugleich.

Die tragende Konstruktion des von der SLM gebauten Wagenkastens bildete ein aus leichten Stahlprofilen geschweisstes Gerippe, welches die eingeschweissten Wandplatten trug und aussen mit Aluminiumblechen verkleidet war. Dieser leichte Baustoff fand auch Verwendung für Türen und Fensterrahmen, das Dach und die Verschalung der Vorbauten. Der ganze Wagenkasten ruhte auf einem aus geschweissten Stahlprofilen gefertigten und an beiden Enden abgekröpften Träger. Diese Konstruktion mit dem zwischen den Drehgestellen tiefer gelegten Fahrgastraum erlaubte eine schon für damalige Verhältnisse erstaunlich niedrige Einstiegshöhe von nur 720 mm über Schienenoberkante. In der Neuzeit erhält dieser Gedanke mit den modernen Niederflurfahrzeugen eine noch viel konsequentere Umsetzung.

BILD: SBB HW ZÜRICH/ARCHIV VERKEHRSHAUS

Der Kastenaufbau des Roten Pfeils; wahrscheinlich Wiederaufbau des verunfallten RCe 2/4 Nr. 601 in der HW Zürich am 11.12.1952. Im Hintergrund die Gasturbinenlok Am 4/6 Nr. 1101

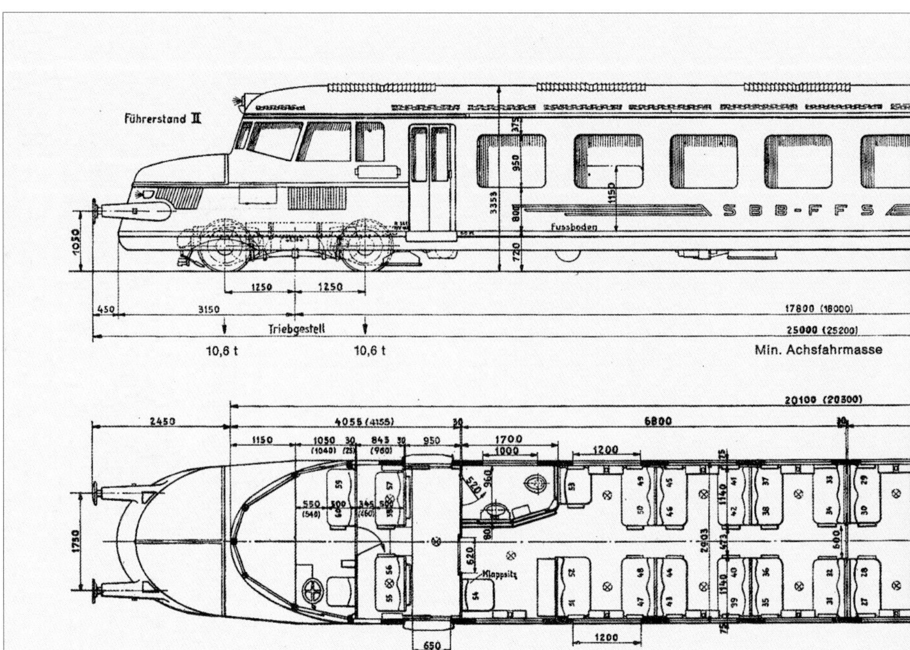

An jedem Kastenende befand sich eine Einstiegsplattform, die sich von aussen über druckluftbetätigte Teleskopschiebetüren betreten liess. Beidseitig folgten dann die Führerstände für sitzende Bedienung und die über die Drehgestelle vorgezogenen niedrigen Vorbauten, welche dem Einbau der elektrischen Ausrüstung dienten. Um den aerodynamischen Verhältnissen der immerhin für eine Höchstgeschwindigkeit von 125 km/h konzipierten Leichttriebwagen Rechnung zu tragen, erhielten diese eine stark abgerundete Form mit tief gezogenen Schürzen, welche sich auch seitlich auf der ganzen Fahrzeuglänge hinzogen. Bei Probefahrten wurden Geschwindigkeiten bis 150 km/h erreicht und der gegenüber Eisenbahnwagen konventioneller Bauart um 25% verringerte Luftwiderstand bestätigte die Richtigkeit dieser Massnahmen. Aus demselben Grund war das Dach als Doppeldach ausgeführt und die Widerstände der elektrischen Bremse dazwischen angeordnet. Die Zufuhr der Kühlluft erfolgte durch seitlich und oben im Dach angebrachte Lüftungsschlitze.

Während die Kasten der elektrischen Leichttriebwagen mit den beidseitigen Vorbauten absolut symmetrisch aufgebaut waren und eine Gesamtlänge von 21 500 mm aufwiesen, ergab sich bei den dieselmechanischen Triebwagen, bedingt durch einen längeren Vorbau beim Führerstand I für den Einbau von Motor und Getriebe, ein etwas asymmetrisches Aussehen bei einer Kastenlänge von 22 310 mm. Um für den Dieselmotor genügend Platz zu schaffen, verlängerte man den Radstand des Motordrehgestells auf 3200 mm. Beim Laufdrehgestell kam die gleiche Konstruktion wie bei den elektrisch betriebenen Roten Pfeilen zur Anwendung. Der Radstand betrug hier 2500 mm.

Typenskizze: SBB Zugförderung und Werkstätten

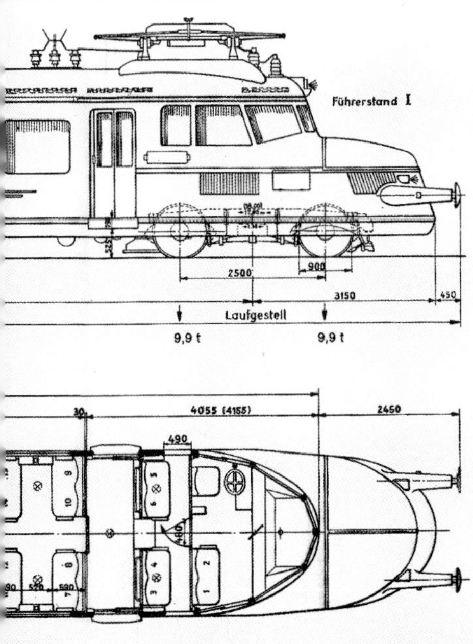

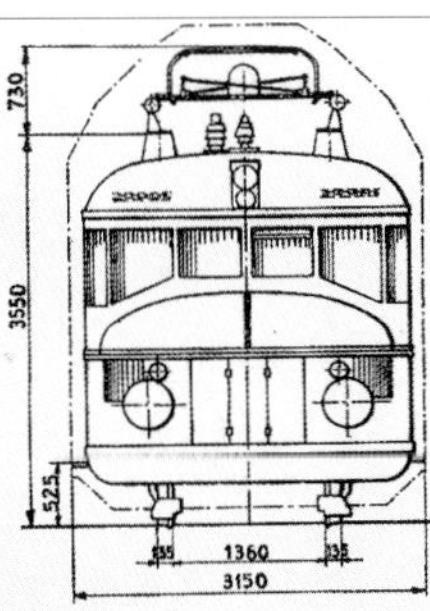

Trieb- bzw. Laufraddurchmesser		900 mm
Getriebeübersetzung		1:2,96
Anzahl Fahrmotoren		2
Min. Reibungsmasse		21,2 t
Dienstmasse (unbesetzt)		41 t
Dienstmasse (voll besetzt)	ca.	47 t
Anzahl Sitzplätze		60
Max. Anfahrzugkraft am Rad		24,5 kN
Stundenzugkraft am Rad	bei V = 102 km/h	13,9 kN
Stundenleistung am Rad	bei V = 102 km/h	395 kW
Stundenleistung a. d. Welle	bei V = 102 km/h	2×202 kW
Dauerleistung am Rad	bei V = 115 km/h	315 kW
Dauerleistung an der Welle	bei V = 115 km/h	2×162 kW
Maximale Geschwindigkeit		125 km/h

Elektr. Widerstandsbremse wirkend auf Triebgestell

Die Masse in (...) gelten für Triebwagen 1001

Typenskizze der RAe 2/4 Nr. 1001 und 1002

Ebenfalls auf seiner Abnahmeprobefahrt im Jahre 1935 befand sich der zweite Rote Pfeil, der CLe 2/4 Nr. 202

BILD: BBC/ARCHIV VERKEHRSHAUS

Zwei verschiedene Konstruktionsprinzipien kamen für die Drehgestelle zur Anwendung. Während bei den CLe 2/4 Nrn. 201 und 202 die Drehgestellrahmen noch aus geschweissten Stahlprofilen bestanden, gelangte beim Nachbau der Triebwagen 203–207 eine verbesserte Ausführung mit so genannten Hohlträgern zum Einbau. Bei den CLe 2/4 Nrn. 201 und 202 waren die Drehgestellrahmen über je acht Schraubenfedern auf die Gehäuse der als Rollenlager ausgebildeten Achslager abgestützt. Im Innern der Schraubenfedern befanden sich zylindrische Lagerführungen, womit auf die sonst üblichen Achshalter verzichtet werden konnte. Der Wagenkasten stützte sich über zwei auf jeder Seite des Drehgestellrahmens aufgehängte Blattfedern ab. Ein Wiegebalken war noch nicht vorhanden. Die Übertragung der Zug- und Bremskräfte erfolgte über den zentrisch angeordneten Drehzapfen direkt auf den Wagenkasten.

Bei den ab 1936 gebauten CLe 2/4 Nrn. 203–206 und dem 1938 nachbeschafften Re 2/4 Nr. 207 wurden die als Hohlträger konstruierten Längsträger der Drehgestelle abgekröpft. In der Mitte dieser Kröpfung zwischen den beiden seitlichen Längsträgern befand sich der Wiegebalken, welcher sich beidseitig auf pendelnd aufgehängte Blattfedern stützte und über zwei Mitnehmer mit dem Drehgestellrahmen verbunden war. Über zwei seitliche Stützlager trug der Wiegebalken das Gewicht des Wagenkastens.

Für die Antriebe der CLe 2/4 201 und 202 realisierten die Lieferanten versuchsweise zwei verschiedene Konzepte. Wagen 201 wurde von der MFO

stärkungswagen erlaubten. Die Stirnfronten erhielten vollständige Übergangseinrichtungen, welche dem Personal den Durchgang gestatteten. Faltenbälge waren aber keine vorhanden.

Auch beim Jura-Pfeil lagen die Einstiege unmittelbar hinter den Führerständen. Diese Lösung erlaubte bei nur schwachem Verkehrsaufkommen eine Billettkontrolle durch den Lokführer. Als Seitentüren waren vier pneumatisch betätigte Leichtmetall-Schiebetüren eingebaut.

Völlig neue Wege beschritt man bei den durch die SIG gelieferten Drehgestellen der Bauart SIG-VRL. Erstmals gab es damit nämlich bei einem Triebfahrzeug der SBB radial einstellbare Achsen zur Verminderung des Verschleisses an Rad und Schiene auf kurvenreichen Strecken. Jede der beiden einzeln im Drehgestellrahmen gelagerten Achsen wurde mit einer Deichsel in Form eines Dreiecks geführt, welche in der Mitte mit den Spitzen gegeneinander gerichtet waren. Über einen im Drehgestellrahmen gelagerten Doppelhebel, welcher mit dem Wagenkasten verbunden war, erzwang man über diese Deichseln eine radiale Achseinstellung. Anzumerken ist noch, dass es sich bei dieser Konstruktion um ein absolutes Novum handelte, das vorher nicht erprobt worden war. Optisch fielen diese Drehgestelle vor allem durch den sehr tief liegenden Drehgestellrahmen auf. Das Drehgestell unter dem Gepäck-

Seitenansicht und Grundriss des RBe 2/4 1010

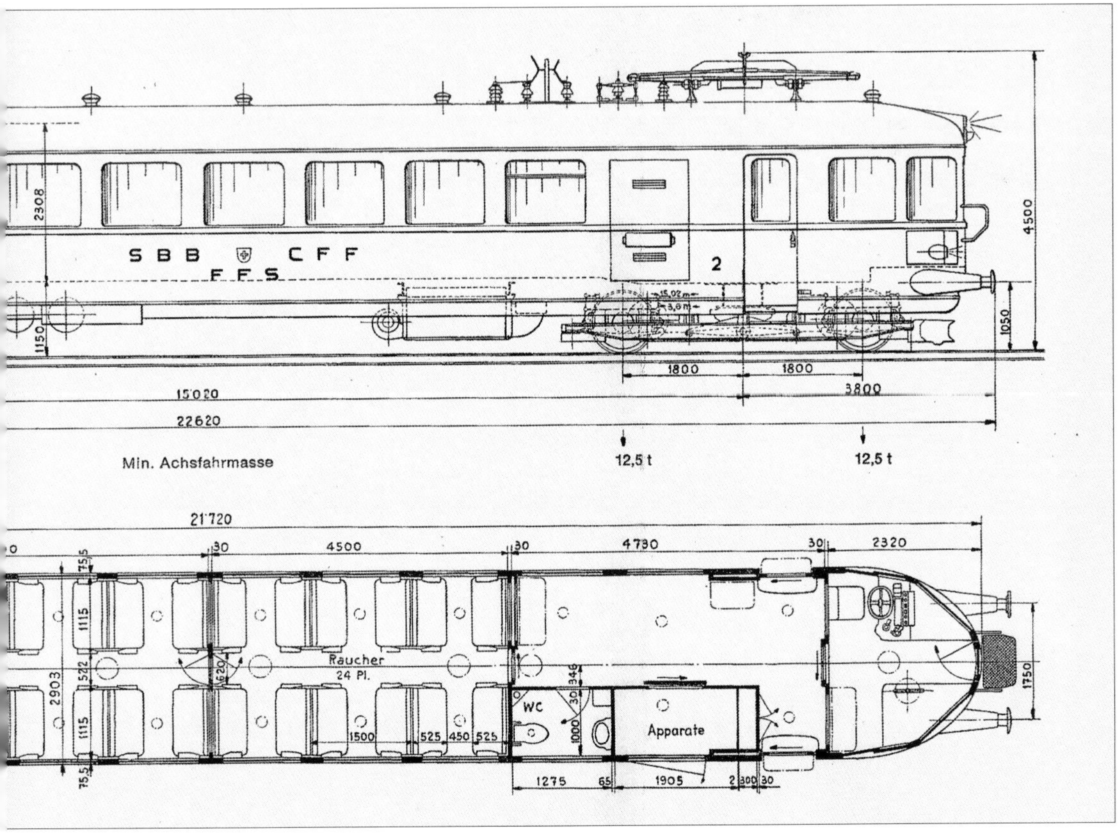

Technische Daten des Jura-Pfeils 1010

Betriebsnummer	701	1010
Indienststellung	1938	
Hersteller mech. Teil	SLM/SIG	
Hersteller elektr. Teil	MFO/SAAS	
Achsfolge	Bo'2'	
Höchstgeschwindigkeit	110 km/h	
Dienstgewicht	44,4 t	44,0
Adhäsionsgewicht	24,8 t	25,0
Länge über Puffer	22 620 mm	
Drehzapfenabstand	15 020 mm	
Achsstand Triebdrehgestell	3600 mm	
Achsstand Laufdrehgestell	3600 mm	
Triebrad-Durchmesser	900 mm	
Laufrad-Durchmesser	900 mm	
Motor Typ	MFO 6EW450	
Stundenleistung am Rad	456 kW	441 kW
Vmax. bei Stundenleistung	68 km/h	
Getriebeübersetzung	1:3,85	
Anzahl Fahrmotoren	2	
Max. Anfahrzugkraft am Rad	4500 kg	
Stundenzugkraft am Rad	2350 kg	
Vmax. bei Stundenzugkraft	68 km/h	
Dauerleistung am Rad	385 kW	
Vmax. bei Dauerleistung	74 km/h	
Anzahl Sitzplätze 3.Kl. (2.Kl.)	71	67
Anzahl Stehplätze	29	30
Gepäckraumladefläche	3,8 m²	
Postraumladefläche	1,8 m²	keine
Ladegewicht	1 t	

raum war als Triebdrehgestell gebaut, das andere als motorloses Laufdrehgestell. Dieses trug auch die drei Magnete der Zugsicherung.

Der Wagenkasten stützte sich über seitliche Stützpfannen auf den Wiegebalken ab. Dieser wiederum lag auf längs angeordneten, pendelnd im Drehgestellrahmen aufgehängten Blattfedern auf. Diese Konstruktion verhinderte, dass der Drehzapfen nebst den Zug- und Stosskräften auch noch vertikale Druckkräfte aufnehmen musste. Alle Achsen waren mit Rollenlagern ausgerüstet.

Der „Churchill-Pfeil"

Vom Konzept her war der Re 4/8 Nr. 301 die Verdoppelung eines kleinen Roten Pfeils. Das Fahrzeug bestand aus zwei kurzgekuppelten Wagen-

BILD: BBC/ARCHIV BÖSIGER

hälften, welche im Grundriss und den Abmessungen identisch waren. Die SLM baute die beiden je 22 800 mm langen Wagenkasten, ausgeführt als röhrenförmige Schweisskonstruktion aus Stahlblechen und Profilen in selbsttragender Bauweise. Das innere Dach aus Stahlblech bildete zusammen mit der äusseren Dachhaube aus Aluminium das bereits von den kleinen Roten Pfeilen her bekannte Doppeldach. Die Hohlräume dazwischen dienten beim Churchill-Pfeil allerdings nicht nur der Unterbringung der Bremswiderstände, vielmehr gab es hier in jeder Wagenhälfte auch einen Ventilator für die Lüftung. Ferner war im Wagen I ein Kaltwasserreservoir und im Wagen II ein elektrischer Warmwasserboiler untergebracht. Als Neuheit galten wohl die in jedem Wagen im Doppeldach vorhandenen Eisbehälter. Sie dienten der Kühlung der angesaugten Frischluft.

Die Höchstgeschwindigkeit des Churchill-Pfeils wurde auf den Fahrplanwechsel vom 1. Juni 1969 von 140 auf 150 km/h erhöht

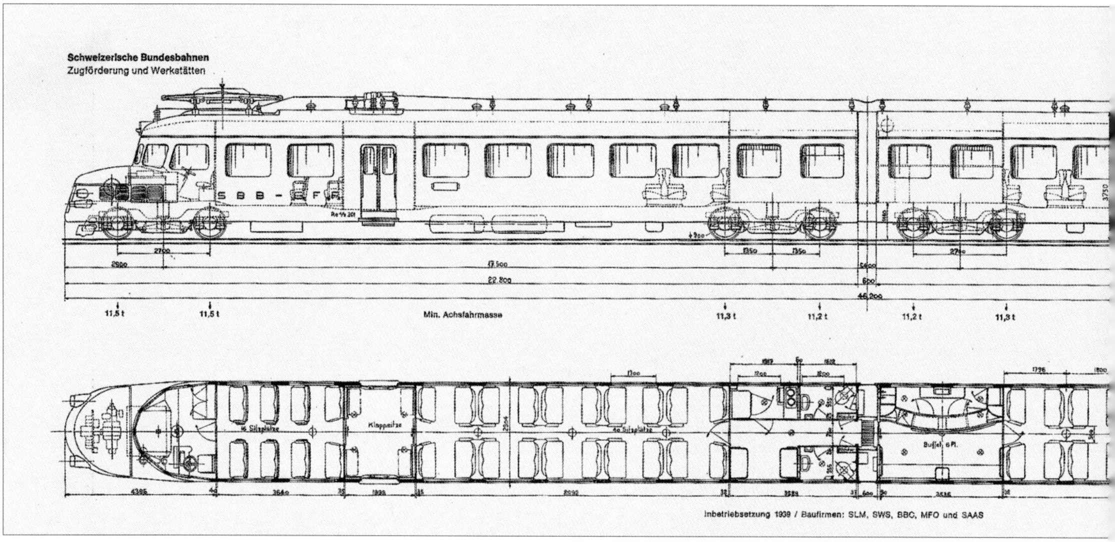

Oben: RAe 4/8 Nr. 1021. In der Zugmitte befindet sich das Buffetabteil mit sechs Plätzen. Unten: RABDe 8/16 Nr. 1041 in Stein-Säckingen (13.05.1967)

Die thermische und akustische Isolation bestand dem damaligen Stand der Technik folgend aus einer rund 15 mm dicken, vor dem Innenausbau auf das Kastengerippe und die Blechwände aufgetragenen Schicht aus Spray-Asbest. Damals war die enorme Gesundheitsgefährdung dieses Stoffes absolut unbekannt, welcher heute noch horrende Entsorgungskosten verursacht.

Eine spezielle, allseitig bewegliche Kurzkupplung hielt die beiden Wagenhälften zusammen. Der vollständig geschlossene Laufgang aus einer hochelastischen Gummiplatte übernahm die Verbindung dazwischen.

Bild: Urs Bösiger

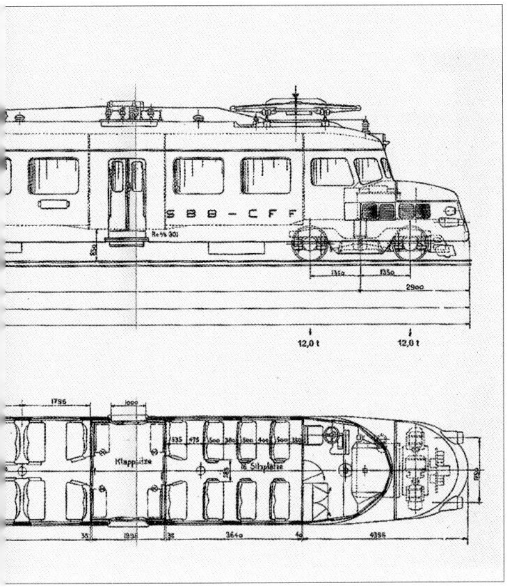

Der „Tatzelwurm"

Die Schnelltriebzüge Re 8/12 Nrn. 501 und 502 bestanden aus je zwei Triebwagen und einem Zwischenwagen, die eine im Betrieb nicht trennbare Einheit bildeten. Beide Triebwagen waren baugleich und für die Frontpartien kam ein völlig neues, stromlinienförmiges Design zur Anwendung.

Den mechanischen Teil der Triebzüge lieferte die SLM in Winterthur. Alle Wagenkasten waren geschweisste,

Jede Hälfte des Doppeltriebwagens stützte sich am führerstandseitigen Ende auf ein Laufdrehgestell, innen auf ein Triebdrehgestell. Bis auf die Motorbefestigungen in den Triebdrehgestellen waren beide Drehgestelltypen identisch gebaut. Es handelte sich dabei um vollständig geschweisste Blechkonstruktionen.

Für die beiden gekröpften Längsträger je Drehgestell fanden zwei dicke Blechplatten Verwendung, die durch eingeschweisste Bleche als Querverbindungen zu kastenförmigen Trägern erweitert wurden. Darin eingebaut waren die am Drehgestellrahmen pendelnd aufgehängten Kastentragfedern, auf die sich das Gewicht des Wagenkastens abstützte. Der für die Übertragung der Zug- und Stosskräfte durch gefederte Lenker mit dem Drehgestellrahmen verbundene Wiegebalken war ebenfalls eine geschweisste Blechkonstruktion. Der zentrisch angeordnete Drehzapfen diente nur der Führung. Die Drehgestelle selbst stützten sich auf die Achslagergehäuse ab.

Typenskizze: SBB, Zugförderung und Werkstätten

Technische Daten des Churchill-Pfeils 1021

Betriebsnummer	**1021**
Indienststellung	1939
Hersteller mech. Teil	SLM/SWS
Hersteller elektr. Teil	BBC/MFO/SAAS
Achsfolge	2'Bo'+Bo'2'
Höchstgeschwindigkeit	150 km/h
Dienstgewicht	92,6 t
Adhäsionsgewicht	45,2 t
Länge über Puffer	46 200 mm
Drehzapfenabstand	17 500 mm
Achsstand Triebdrehgestell	2700 mm
Achsstand Laufdrehgestell	2700 mm
Triebrad-Durchmesser	900 mm
Laufrad-Durchmesser	900 mm
Motor Typ	MFO 6HW440b
Stundenleistung am Rad	840 kW
Vmax. bei Stundenleistung	115 km/h
Getriebeübersetzung	1:2,64
Anzahl Fahrmotoren	4
Max. Anfahrzugkraft am Rad	4600 kg
Stundenzugkraft am Rad	2650 kg
Vmax. bei Stundenzugkraft	115 km/h
Dauerleistung am Rad	708 kW
Vmax. bei Dauerleistung	124 km/h
Anzahl Sitzplätze 1. Kl.	112
Anzahl Klappsitze	16
Anzahl Sitzplätze Buffet	6

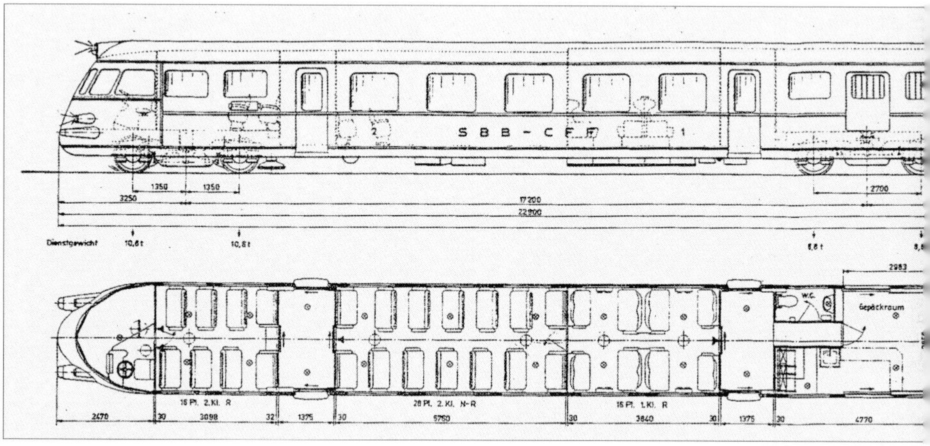

TYPENSKIZZE: SBB

selbsttragende Konstruktionen aus Stahl. Um den Achsdruck möglichst tief zu halten, fertigte man viele Teile wie z.B. Dachverkleidung, Türen, Apparateräume und die Kastenschürzen aus Aluminium.

Mittels einer mit Druckluft betätigten Ausgleichsvorrichtung liess sich ein Teil des Gewichtes der schwereren Triebwagen auf den Zwischenwagen übertragen.

Etwas eigenartig muteten auf den ersten Blick die jeweils an den Wagenenden schmaleren Abteilfenster an. In den Abteilen zwischen den Drehgestellen lag der Fussboden mit einer Höhe von nur 720 mm über Schienenoberkante für damalige Verhältnisse extrem tief. Aus konstruktiven Gründen musste er aber über den Drehgestellen auf 1100 mm angehoben werden. Entsprechend waren dann in die-

Technische Daten der Tatzelwürmer 501-502/1031/1041

Betriebsnummern	**501 / 502**	**1031**	**1041**
Indienststellung	1937/1938	(1941)	(1964)
Hersteller mech. Teil	SLM		
Hersteller elektr. Teil	BBC/MFO/SAAS		
Achsfolge	Bo'Bo'+2'2'+Bo'Bo'	Bo'2'+2'Bo'	Bo'Bo'+2'2'+2'2'+Bo'Bo'
Höchstgeschwindigkeit	150 km/h	125 km/h	150 km/h
Dienstgewicht	127 t	81,8 t	164 t
Adhäsionsgewicht	90 t	42,4 t	100 t
Länge über Puffer	68 700 mm	46 600 mm	91 800 mm
Drehzapfenabstand	17 200 mm	17 200 mm	17 200 mm
Achsstand Triebdrehgestell	2700 mm	2700 mm	2700 mm
Achsstand Laufdrehgestell	2500 mm	2700 mm	2700/2500 mm
Triebrad-Durchmesser	900 mm	900 mm	900 mm
Laufrad-Durchmesser	900 mm	900 mm	900 mm
Motor Typ	MFO 6HW440b (501) SAAS W6-406b (502)	MFO 6HW440b	SAAS W6-406b

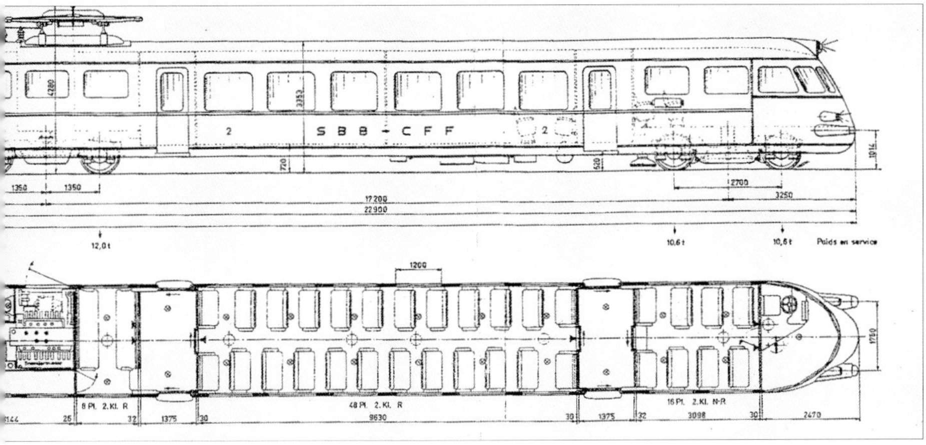

Seitenansicht und Grundriss des RABFe 4/8 1031

sen Abteilen wegen des höher liegenden Fussbodens die Fenster weniger hoch.

Die Konstruktion aller Drehgestelle war im Prinzip identisch mit derjenigen der kleinen Roten Pfeile. Der Wagenkasten stütze sich beidseitig über Stützpfannen auf den Wiegebalken. Dieser übertrug das Gewicht über seitlich im Drehgestellrahmen pendelnd aufgehängte Blattfedern. Als Einstiegstüren kamen pneumatisch betätigte Schiebetüren zum Einbau. Ebenfalls pneumatisch konnten die sich darunter befindlichen Schiebetritte zwecks Erleichterung des Ein- und Aussteigens ausgefahren werden.

Für hohe Beschleunigungswerte sorgten in jedem Triebwagen vier eigenventilierte Fahrmotoren mit einer

Betriebsnummern	**501 / 502**	**1031**	**1041**
Stundenleistung am Rad	1678 kW	839 kW	1678 kW
Vmax. bei Stundenleistung	115 km/h	96 km/h	115 km/h
Getriebeübersetzung	1:2,64	1:3,17	1:2,64
Anzahl Fahrmotoren	8	4	8
Max. Anfahrzugkraft am Rad	8600 kg	5200 kg	8600 kg
Stundenzugkraft am Rad	5300 kg	3200 kg	5300 kg
Vmax. bei Stundenzugkraft	115 km/h	96 km/h	115 km/h
Dauerleistung am Rad	1416 kW	708 kW	1416 kW
Vmax. bei Dauerleistung	124 km/h	104 km/h	124 km/h
Anzahl Sitzplätze 3.Kl. (2.Kl.)	168	112	220
Anzahl Sitzpl$tze 2.Kl. (1.Kl.)	40 (30)	16	46
Anzahl Klappsitze	24	12	
Gepäckraumfläche	10 m²	10 m²	2x10 m²
Ladegewicht	1 t	1 t	2x1 t

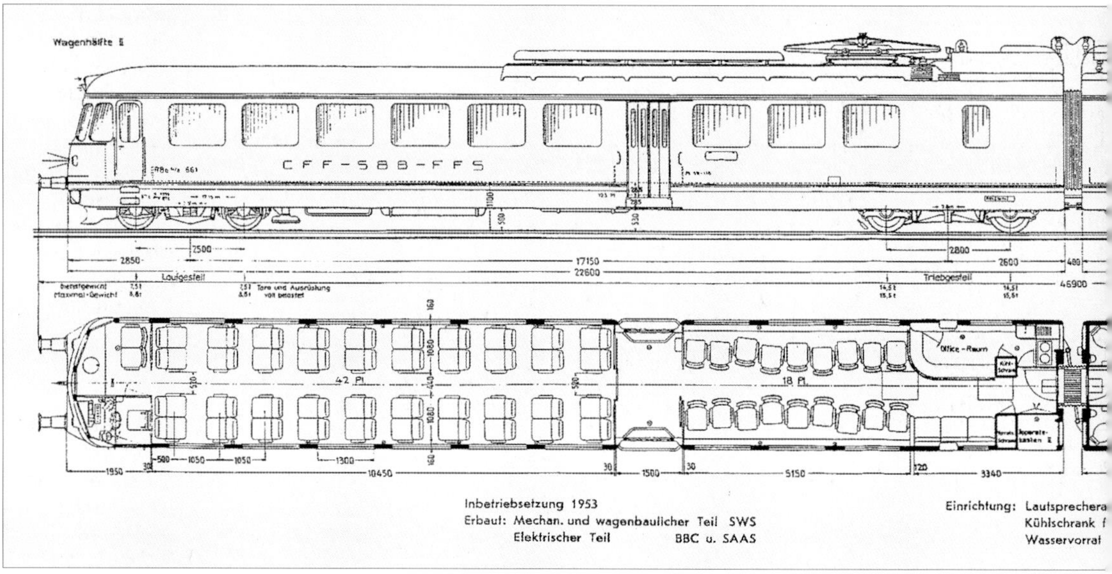

Triebdrehgestell der Schnelltriebzüge Re 8/12 Nr. 501 und 502 Tatzelwurm

Leistung von insgesamt 1736 kW. Sie brachten den Schnelltriebzug in der Ebene in nur 100 Sekunden auf die technisch zulässige Höchstgeschwindigkeit von 150 km/h. Hohe Fahrgeschwindigkeiten verlangten natürlich auch nach entsprechenden Bremsen.

Die Doppel-Schnelltriebwagen

Die beiden Doppelschnelltriebwagen RBe 4/8 Nrn. 661 und 662 bestanden aus zwei untereinander kurzgekuppelten und durch einen Faltenbalg verbundene Wagen, die identische Abmessungen aufwiesen. Eine Trennung im Betrieb war nicht möglich. Hauptauftragnehmerin für die Lieferung der beiden Ausflugstriebwagen war die SWS, welche auch den mechanischen Teil, die Inneneinrichtung und die Laufdrehgestelle fertigte.

Der Wagenkasten bestand aus einer Stahlkonstruktion in selbsttragender Bauart. Als thermische und akustische Isolation wurde auch hier im gesamten Innenraum und an der Wagenunterseite Spray-Asbest aufgetragen. Die Gestaltung der Stirnfronten wich wesentlich von derjenigen bisheriger Schnelltriebwagen ab. Vorbauten waren nämlich keine mehr vorhanden. Mit den leicht geneigten Frontpartien und den tief gezogenen Schürzen erhielten die Doppeltriebwagen ein elegantes und windschnittiges Aussehen. Als einzige Schnelltriebwagen nebst dem Jura-Pfeil erhielten sie von Anfang an normale Puffer und einen Zughaken für zusätzliche Wagen.

Bild: MFO/Archiv Verkehrshaus, Urs Bösiger – Typenskizze: SBB Zugförderung und Werkstätten

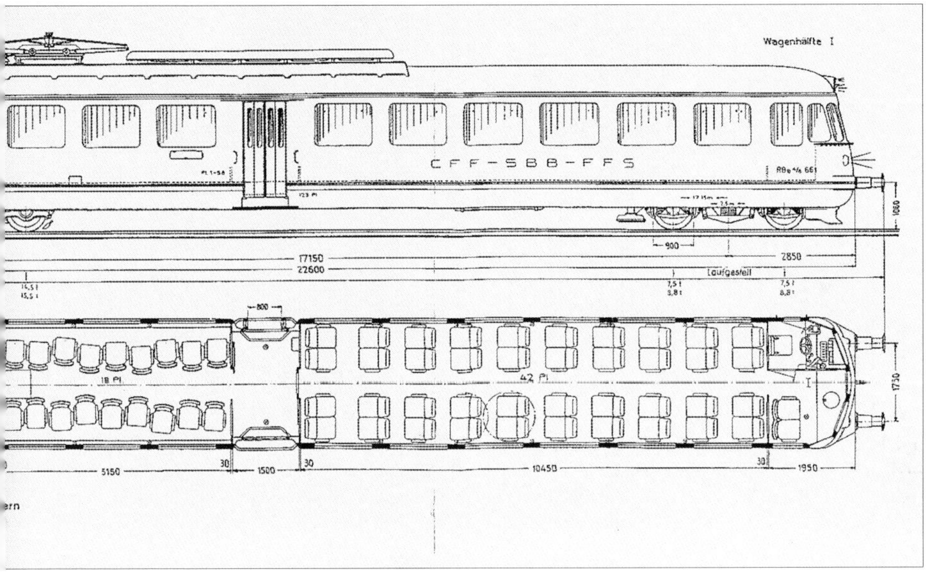

Ausschliesslich für den Ausflugsverkehr konzipiert waren die Doppelschnelltriebwagen. Die beiden innenliegenden Abteile wiesen eine originelle Bestuhlung auf

Das Foto des RAe 4/8 Nr. 1022 entstand im Zürcher „Kohledreieck" (26.08.1967)

Allerdings war keine Kupplung für die Heizleitung vorhanden.
Die beiden innen liegenden, von der SLM gelieferten Triebdrehgestelle entsprachen denjenigen der SBB-Triebwagen CFe 4/4 Nrn. 841–871 (später BDe 4/4 Nrn. 1621–1651). Die Achsen liefen in Pendelrollenlagern. Als Primärfederung dienten Spiralfedern, über die sich die Drehgestellrahmen auf die Achsbüchsen abstützten. Die als Sekundärfederung dienenden

Technische Daten Doppelschnelltriebwagen 1022–1023

Betriebsnummern	1022/1023
Indienststellung	1953
Hersteller mech. Teil	SWS
Hersteller elektr. Teil	BBC/SAAS
Achsfolge	2'Bo'+Bo'2'
Höchstgeschwindigkeit	125 km/h
Dienstgewicht	88 t
Adhäsionsgewicht	58 t
Länge über Puffer	46 900 mm
Drehzapfenabstand	17 150 mm
Achsstand Triebdrehgestell	2800 mm
Achsstand Laufdrehgestell	2500 mm
Triebrad-Durchmesser	940 mm
Laufrad-Durchmesser	900 mm
Motor Typ	BBC ELM502S
Stundenleistung am Rad	1015 kW
Vmax. bei Stundenleistung	98 km/h
Getriebeübersetzung	1:3,26
Anzahl Fahrmotoren	4
Max. Anfahrzugkraft am Rad	7000 kg
Stundenzugkraft am Rad	3800 kg
Vmax. bei Stundenzugkraft	98 km/h
Dauerleistung am Rad	895 kW
Vmax. bei Dauerleistung	108 km/h
Anzahl Sitzplätze 1. Kl.	123

Längsblattfedern übernahmen vom ausserhalb des Drehgestellrahmens belasteten Wiegebalken das Gewicht des Wagenkastens.
Den Antrieb besorgten zwei in jedes Triebdrehgestell eingebaute achtpolige, eigenventilierte Reihenschluss-Kollektormotoren der BBC mit einer Stundenleistung von je 260 kW. Sie waren dauernd in Serie geschalten. Für die Achsantriebe kam der BBC-Scheibenantrieb zum Einbau. Die beiden aussen liegenden Laufdrehgestelle entsprachen einer neuen Konstruktion der SWS und waren sowohl für die Achs- wie für die Kastenfederung mit Schraubenfedern ausgerüstet. Für eine zusätzliche Stabilisierung sorgten hydraulische Stossdämpfer.

Nebst der elektrischen Bremse waren die Doppelschnelltriebwagen 661 und 662 mit einer automatischen Oerlikon R-Bremse ausgerüstet, welche auf jedes Triebrad mit zwei geteilten und auf jedes Laufrad mit zwei einfachen Bremsklötzen wirkte. Bei sich langsam abnützenden Bremssohlen wurde das Bremsgestänge durch eingebaute, halbautomatische Stopex-Bremsgestängesteller nachreguliert.

2/2 Elektrischer Teil

Die kleinen „Roten Pfeile“

Aus Gründen der Gewichtsersparnis kam eine relativ einfache elektrische Ausrüstung zum Einbau. So erhielten die kleinen Roten Pfeile nur einen Scherenstromabnehmer über dem Führerstand I beim Laufdrehgestell. An die Stelle eines grossen und schweren Öl-Hauptschalters auf der Hochspannungsseite trat eine einfache Dachsicherung.

Fast die gesamte elektrische Ausrüstung war in den beiden Vorbauten untergebracht. Um eine möglichst gleichmässige Gewichtsverteilung zu erreichen, fand der mit Öl gefüllte Transformator mit einer Dauerleistung von 210 kVA im Vorbau über dem Laufdrehgestell Platz. Damit auf eine flexible Hochspannungsverbindung verzichtet werden konnte, stützte sich der Trafo nicht direkt auf den Drehgestellrahmen selbst ab, sondern auf die Kastenkonstruktion.

Im Triebdrehgestell waren zwei je 202 kW starke sechspolige, eigenventilierte Motoren in dauernder Serieschaltung untergebracht. Seriegeschaltete Triebmotoren sind wesentlich leichter als solche in Parallelschaltung, neigen aber eher zum Schleudern. Dem entgegenzuwirken, war die Aufgabe eines ebenfalls im Trafokessel untergebrachten Spannungsteilers.

Gebremst wurde im Normalbetrieb hauptsächlich mit der elektrischen Bremse, deren Widerstände im bereits erwähnten doppelten Dach untergebracht waren. Die Steuerung erfolgte ebenfalls über den Steuerkontroller.

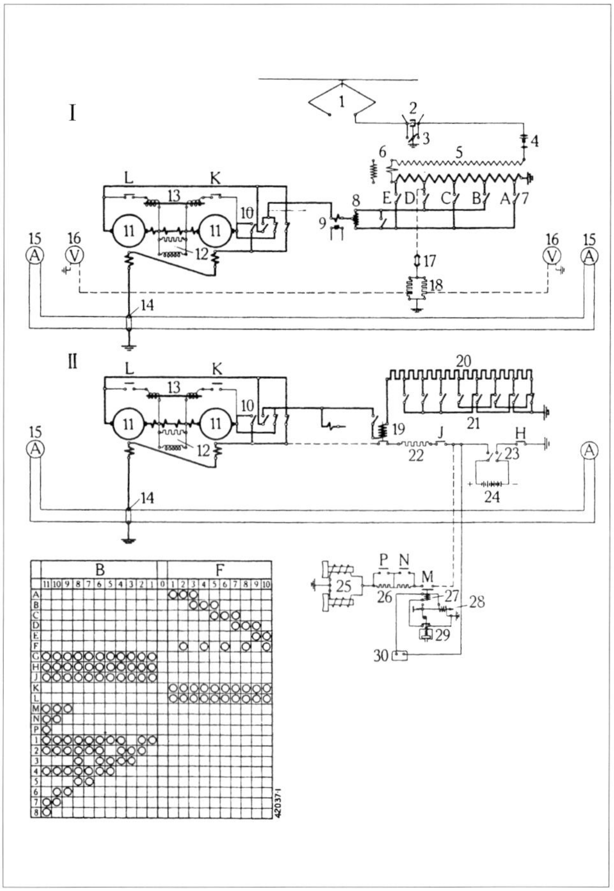

Grundsätzliches Schema für Fahrt und Bremsung.
I = Fahrstellung,
II = Elektrische Bremsung,
B = Bremsen,
F = Fahren

Neun pneumatische Bremshüpfer gleicher Bauart wie die Fahrhüpfer sorgten für eine der vorgewählten Bremskraft entsprechenden Gruppierung der Dachwiderstände und ermöglichten damit elf Bremsstufen.

Im Bremsbetrieb arbeiteten die Triebmotoren als Gleichstromgeneratoren. Die Erregung der Feldwicklungen erfolgte durch den Bremsstrom selbst, so dass eine elektrische Bremsung auch bei spannungsloser Fahrleitung möglich war. Beim Einschalten der elektrischen Bremse und damit noch kleinem Bremsstrom stellte sich zuerst

GRAFIK: BBC MITTEILUNGEN/AUGUST 1935

Auf dem Dach des Churchill-Pfeils erkennt man gut die elektrischen Installationen. Unmittelbar über den Führerständen die Scherenstromabnehmer, oberhalb der Türe der Druckluftschnellschalter. Die beiden Pantographen sind über das Dach mit einer Hochspannungsleitung verbunden

eine Fremderregung mit Strom ab Batterie ein. Überstieg der Bremsstrom dann 200 A , sorgte ein Relais für die Abschaltung der Batterie und die Umschaltung auf Eigenerregung der Fahrmotoren.

Der „Jura-Pfeil"

Grundsätzlich war die von der MFO und SAAS gelieferte elektrische Ausrüstung so aufgebaut, dass eine möglichst einfache Bedienung und gute Zugänglichkeit bei Wartungs- und Unterhaltsarbeiten gewährleistet war. Am Wagenende über dem Triebdrehgestell befand sich auf dem Dach ein Scherenstromabnehmer. Anstelle eines Hauptschalters fand eine einfache Dachsicherung Verwendung. Über eine Kondensatorzuleitung in einem stählernen Schutzrohr wurde die Hochspannung dem Öl gekühlten Stufentransformator in Sparschaltung unter dem Wagenboden zugeführt, welcher beim Jura-Pfeil 1150 mm über der Schienenoberkante lag.

Das Triebdrehgestell enthielt zwei eigenventilierte, sechspolige MFO-Tatzlagermotoren. Die Zufuhr der Kühlluft erfolgte mittels Faltenbalg durch eine Jalousie in der Aussenwand des Postabteiles auf der Getriebeseite. Im Fahrbetrieb waren die beiden Triebmotoren dauernd parallel geschaltet.
Die Regulierung der Zugkraft erfolgte über die elektropneumatische Sécheron-Hüpfersteuerung in elf Fahrstufen, was dank einer von der MFO neu entwickelten Überschaltdrosselspule mit mehreren Anzapfun-

BILD: FOTO-SERVICE SBB

gen praktisch ruckfrei vor sich ging. Als Betriebsbremse kam im Normalfall die in 20 Stufen regulierbare Widerstandsbremse zum Einsatz. Die Veränderung der Bremskraft erfolgte im Gegensatz zu bisher bekannten

BILD: VALLY GOHL

In der „Motorhaube“ des Roten Pfeils sind wichtige elektrische Apparate wie der Transformator und die pneumatischen Hüpfer untergebracht

Systemen aber nicht durch die Gruppierung verschiedener Widerstände, sondern durch Variieren der Fremderregung der Fahrmotoren. Der unter der äusseren Dachhaut des Doppeldaches eingebaute Bremswiderstand hatte einen fixen Wert. Seine Kühlung erfolgte im natürlichen Luftzug des Fahrtwindes, welcher durch Lüftungsschlitze im Dach eintrat.
Den Erregerstrom für die Fremderregung der Fahrmotoren lieferte der Batterieladegenerator. Angetrieben wurde dieser von einem Einphasen-Asynchronmotor, dessen Speisung ab der Hilfsbetriebwicklung des Trafos mit einer Spannung von 220 Volt erfolgte. Die mit dem gleichen Ladegenerator versorgten 36 V-Batterien für Steuerstrom und Beleuchtung befanden sich unter dem Wagenboden.

Ebenfalls an die Hilfsbetriebewicklung angeschlossen waren der unterflur montierte Kompressor, sowie verschiedene Apparate von Heizung, Lüftung, Steuerung und die Ölkühlung des Haupttrafos. Der grösste Teil dieser Steuerapparate fand Platz in den Apparatekästen rechts neben den Führertischen. Weitere Schalttafeln befanden sich in einem separaten Schrank im kleinen Postabteil.

Der „Churchill-Pfeil"

Um das Wageninnere möglichst von Apparaten freizuhalten, wurde der grösste Teil der elektrischen Ausrüstung in den beiden Vorbauten und unter dem Wagenboden untergebracht.

Auf jeder Wagenhälfte befindet sich über dem Führerstand ein Scherenstromabnehmer sowie ein Druckluftschnellschalter. Dem Schutz der Transformatoren dienen zwei auf jeder Dachhälfte aufgebaute, von innen umschaltbare Röhrensicherungen. Beide Pantographen sind über das Dach hinweg mit einer Hochspannungsleitung verbunden.

Eine absolute Spezialität stellen die von der BBC gebauten Gleittransformatoren dar. Im Gegensatz zu den üblicherweise verwendeten Stufentransformatoren ermöglichen diese ein ruckfreies Anfahren. Hier ist die Sekundärwicklung nicht zylindrisch, sondern spiralförmig auf den Eisenkern aufgebracht. Dieser wird samt Wicklung durch einen Elektromotor gedreht, wobei feste Kontaktrollen an der Schmalseite der Kupferspiralen entlang gleiten und dabei den Strom abnehmen.
Die beiden in den Vorbauten untergebrachten Gleittransformatoren in sehr flacher Bauweise sind für eine Dauerleistung von je 260 kVA ausgelegt. Die Sekundärspannung beträgt 40–458 Volt. Eine 220 Volt-Anzapfung versorgt die Hilfsbetriebe.
Die von der MFO gelieferten eigenventilierten Reihenschluss-Kollektormotoren mit phasenverschobenem Wendefeld haben eine Stundenleistung von je 217 kW. Der Achsantrieb erfolgt über einen BBC-Federantrieb. Die beiden Motoren eines Triebdrehgestells sind parallel geschaltet und jeweils vom Trafo im Vorbau der entsprechenden Wagenhälfte gespeist.

Im Vorbau I befindet sich ausserdem nebst der BBC-Sicherheitssteuerung und der automatischen Zugsicherung Signum auch eine Bremsumformergruppe. Der rotierende Kompressor fand im Vorbau II Platz. In gut zugänglichen Kasten unter dem Wagenboden wurden folgende Apparate und Einrichtungen untergebracht: die Beleuchtungsbatterien, die Wendeschalter, die Motorshunts, die Trafoölkühler, die gesamte Warmluftheizung sowie die Apparaturen der elektropneumatischen Bremse.

Beim Einsatz der elektrischen Widerstandsbremse erfolgt die Regulierung der Erregung der in Serie geschalteten Triebmotoren nicht über einen hauptstromseitigen variablen Widerstand, sondern direkt im Erregerstromkreis der Fahrmotoren. Den dazu notwendigen Erregerstrom liefert die Bremsumformergruppe im Vorbau I. Um bei höheren Geschwindigkeiten eine genügend grosse Bremsverzögerung zu erzielen, wird zusätzlich ab 50 km/h automatisch die Druckluftbremse der Laufdrehgestelle zugeschaltet und gleichzeitig die Sandstreueinrichtungen der Laufachsen aktiviert. Bei rasch abnehmender Wirkung der elektrischen Bremse bei Geschwindigkeiten unterhalb von 50 km/h kommt noch eine elektropneumatisch gesteuerte Druckluftzusatzbremse zum Einsatz.

Der „Tatzelwurm“

An der Lieferung des elektrischen Teils partizipierten alle drei grossen „Elektriker“ der Schweizer Rollmaterialindustrie, wobei eine gewisse Aufteilung erfolgte.
Dabei lieferte BBC die Gleittransformatoren, die Geschwindigkeitssteuerung und die Warmluftheizung für

Um Gewicht zu sparen, wurde anstelle des schweren Öl-Hauptschalters eine als Primärschutz dienende Hochspannungssicherung auf dem Dach angeordnet

BILD: VALLY GOHL

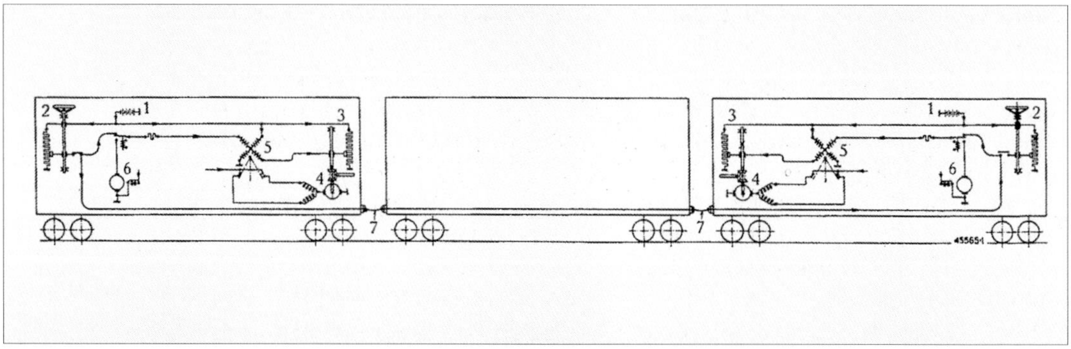

Grafik: BBC Mitteilungen, September 1937

Prinzipschema für die Fernsteuerung der Trafos in den beiden Motorwagen. I = Batterie für Beleuchtung und Steuerstrom, 2= Spannungsteiler im Steuerkontroller, 3 = Spannungsteiler am Antrieb der Trafo-Regulierung, 4 = Steuermotor, 5 = Polarisiertes Relais, 6 = Kleindynamo, 7 = Fernsteuerdraht

beide Triebzüge. Von der SAAS stammten die Bremshüpfer für den Zug 501 sowie die Fahrmotoren mit den Federtopfantrieben und die Bremshüpfer für den Zug 502. Der Anteil der MFO umfasste die Fahrmotoren mit den Federtopfantrieben für den Zug 501 und die Hilfsbetriebeeinrichtungen des Zuges 502. Den Einbau der gesamten elektrischen Ausrüstung übertrug man für beide Triebwagen der MFO.
Jeder Triebwagen besass auf dem führerstandslosen Ende einen Stromabnehmer mit Dachsicherung und Druckluftschnellschalter. Eine Hochspannungsleitung verband über den Mittelwagen hinweg beide Triebwagen.

Die jeweils über den inneren Drehgestellen liegenden Apparateräume in den Triebwagen nahmen die Gleittransformatoren mit der zugehörigen Antriebsapparatur sowie die Fahrhüpfer auf.

Erstmals in einem elektrischen Triebfahrzeug der SBB kamen die von der BBC entwickelten Gleittransformatoren mit einer Dauerleistung von 510 kVA zum Einbau. Da sie keine Anzapfungen hatten, die stufenweise mit den Motoren verbunden wurden, war ein völlig ruckfreies Beschleunigen möglich. Der Trafo trug konzentrisch zur Primärwicklung auf dem inneren Kern eine spiralförmig aufgetragene Sekundärwicklung. Die Stromabnahme besorgten Rollenkontakte, welche ein motorisch angetriebener Mitnehmer über die Schmalseite der blanken Wicklung führte.

Eine ausgeklügelte elektromechanische Steuerung ermöglichte mittels eines über das Handrad im Führer-

stand verstellbaren Spannungsteilers und eines dazwischen geschalteten polarisierten Relais die direkte Ansteuerung des Gleittrafos. Als elektrischer Speicher für die zuletzt eingestellte Spannung am Gleittransformator diente ein von einem Laufrad angetriebener Dynamo, dessen Klemmenspannung sich proportional zur Fahrgeschwindigkeit änderte.
Dieser Dynamo liess zur Verkürzung der Regulierzeiten des Gleittransformators bei Geschwindigkeitsänderungen nur ein Zurückschalten bis auf eine der Fahrgeschwindigkeit entsprechenden Spannung zu. Das erlaubte ein stossloses Wiedereinschalten und rasches Beschleunigen. Ausserdem konnte die Zahl der Schaltbewegungen damit stark vermindert werden. Im Fahrbetrieb waren alle vier Fahrmotoren eines Triebwagens dauernd parallel geschaltet. Beim Einsatz der elektrischen Widerstandsbremse arbeiteten dann je zwei davon in Reihe geschaltet als Gleichstrom-Serie-Generatoren auf die im Doppeldach untergebrachten, fahrtwindgekühlten Bremswiderstände. Die Erregung der Feldwicklungen erfolgte beim Einsetzen des Bremsvorganges kurzzeitig fremd mit Batteriestrom und ging danach in Selbsterregung über. Mit Hilfe von elf Bremshüpfern konnte die Bremskraft in 20 Stufen geregelt werden. Ab der 11. Stufe wurde zusätzlich die Druckluftbremse des Zwischenwagens zugeschaltet.

Die am Trafo vorhandene Hilfsbetriebewicklung mit einer Spannung von 220 Volt versorgte in jedem Triebwagen den Kompressor, die Ventilatoren, die Heizung und die für die Ladung der Beleuchtungsbatterien im Gepäckabteil des Zwischenwagens vorhandene Umformergruppe.

Gut zu erkennen ist beim Tatzelwurm das Doppeldach, in welchem die fahrtwindgekühlten Bremswiderstände untergebracht sind. Das Foto entstand um 1937 in Oberwinterthur

Bild: SLM/Archiv Verkehrshaus

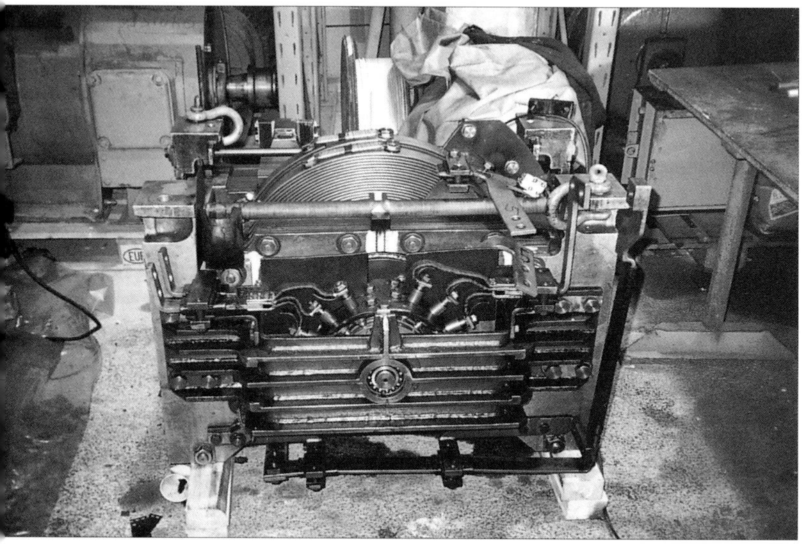

Das „Corpus Delicti“ – oder anders ausgedrückt, der störungsanfällige Gleittransformator, der beim „Churchill-Pfeil“ nicht nur für stufenloses Anfahren, sondern auch für eine Menge Probleme sorgte

BILD: EDUARD ALT

Die Doppel-Schnelltriebwagen

Wesentliche Teile der elektrischen Ausrüstung waren doppelt vorhanden und jeweils in beiden Wagenhälften installiert.

So befand sich auf dem Dach über den Triebdrehgestellen je ein Stromabnehmer, gleich daneben der Transformator mit einer Traktionsleistung von 360 kVA, dessen Öl vom Fahrtwind gekühlt wurde. Dem Schutz der Trafos dienten einfache Dachsicherungen mit Erdungsbügel, eingebaut zwischen Stromabnehmer und Trafo.

Die klassische SAAS-Hüpfersteuerung mit elf elektropneumatischen Hüpfern war direkt an den Trafo angebaut und ermöglichte in Kombination mit einer Drosselspule 17 Fahr- und 14 Bremsstufen. Somit befand sich die gesamte Hochspannungsausrüstung auf dem Dach und ermöglichte damit sehr kurze Verbindungen zwischen den einzelnen Baugruppen.

Jeweils in einem separaten Apparateschrank pro Wagenhälfte war die Niederspannungsausrüstung platziert. Diese umfasste im wesentlichen die Motortrennhüpfer, den Wende- und Bremsumschalter, Schaltapparate und Regler für die Nebenbetriebe sowie die Regler für Beleuchtung und Batterieladung.

Beim Bremsen konnte in einem weiten Geschwindigkeitsbereich die vorhandene Wechselstrom-Widerstandsbremse eingesetzt werden. Die Fahrmotoren liefen auch im Bremsbetrieb in Serie, während sie vom Bremsumschalter als Generatoren geschaltet wurden. Die Erregung der Fahrmotoren erfolgte über einen separaten Erregertransformator mit Wechselstrom. Entgegen der Konstruktion der bisherigen Schnelltriebwagen hatten die RBe 4/8 Nrn. 661 und 662 kein Doppeldach mehr. Die Bremswiderstände waren direkt unter einer Abdeckhaube auf dem Dach aufgebaut und ebenfalls fahrtwindgekühlt.

An das 220 V-Hilfsbetriebenetz angeschlossen waren der SLM-Rotationskompressor sowie je ein Umformer für die Batterieladung und zur Speisung der Fluoreszenzbeleuchtung in den Abteilen. Die leistungsmässige Auslegung der gesamten Traktionsausrüstung ermöglichte das Befahren von Steigungen bis 38‰ in Alleinfahrt ohne Vorspannlokomotive. Betrug die grösste Steigung nicht mehr als 27‰ (Gotthard, Lötschberg), war sogar das Mitführen eines zusätzlichen Leichtstahlwagens möglich.

2/3 Führerstand

Immer noch für Extrafahrten im Einsatz: der zur OeBB gehörende RBe 2/4 Nr. 202, der häufig von Lokfuhrer Ueli Buess gefahren wird

BILD: VALLY GOHL

Die kleinen „Roten Pfeile"

Erste Beschreibungen in der damaligen Fachpresse zeigten noch deutliche Vergleiche mit der entsprechenden Ausrüstung in den Automobilen. Insbesondere das grosse Handrad für den Stufenschalter erinnerte doch sehr an ein Autosteuerrad.

Die Führerstände für sitzende Bedienung befanden sich an beiden Wagenenden, jeweils anschliessend an die Einstiegsplattformen, und waren in Fahrtrichtung links angeordnet. Ausser einer Glaswand hinter dem Führersitz gab es nach hinten keinen weiteren Abschluss, da ja der Lokführer in einmännig geführten Zügen auch die Billettkontrolle vorzunehmen hatte. Die Sitzbank für drei Personen neben dem Lokführer ermöglichte schon damals eine Fahrt mit Blick auf die Strecke, was in einer entsprechenden Beliebtheit dieser Logenplätze zum Ausdruck kam.

Dominiert wurde der Führertisch eindeutig vom etwas gross dimensionierten Handrad des Stufenschalters, welches durch Drehen nach rechts die zehn Fahrstufen und durch eine entsprechende Drehung nach links die elf Bremsstufen schaltete. Jede Stufe entsprach 1/12 einer ganzen Radumdrehung.

Oberhalb des Stufenschalters – quer über dem Führertisch – befand sich der Steuerschaltkasten mit den Hebeln zur Bedienung von Stromabnehmer, Kompressor, Steuerstromhauptschalter, Heizung und Wendeschalter. Links davon platziert waren Anzeigeinstrumente für die Druckluftbremse, gleich darüber Volt- und Ampèremeter.

Befand sich das Handrad des Stufenschalters in der Nullstellung, alle Hebel des Steuerschaltkastens auf „Aus" und die Griffe der Türsteuerung in der Stellung „Zu", dann konnte im Führerpult mit einem Schlüssel eine zentrale Verriegelung dieser Bedienelemente bewirkt werden. Das Drehen dieses Schlüssels löste auch eine Kupplung zwischen dem Handrad des Stufenschalters und der Antriebswelle zum Nockenschaltwerk, so dass in den offenen Führerständen von unbefugten Personen keine unerlaubten Manipulationen vorgenommen werden konnten.

Das Bremsventil für die Druckluftbremse befand sich auf dem Bedienpult vorne rechts. Beidseits des Stufenschalterhandrades gab es je einen Hebel für die pneumatisch betätigten Einstiegstüren, gleich daneben die Rückmeldelampen der Türschliessung. Der Geschwindigkeitsmesser war auf der rechten Seite etwas oberhalb des Führertisches im Blickfeld des Lokführers platziert.

An weiteren Bedien- und Anzeigeelementen waren ein Rückstellschalter mit Meldeleuchte für die Zugsicherung vorhanden, sowie eine optische Abfertigungsanzeige. Die Lokpfeife wurde über einen Seilzug betätigt, dessen Bediengriff sich an der Vorderseite des Führertisches oberhalb des Fussraumes befand. Die Handbremse war in der Mitte auf der Konsole hinter den Frontscheiben angeordnet. Das im Fussraum vor dem Sitz des Lokführers eingebaute und während der Fahrt dauernd zu drückende Totmannpedal ergänzte die Sicherheitseinrichtungen.

Die Führerstände der beiden dieselmechanischen Pfeile CLm 2/4 Nrn. 101 und 102 entsprachen im Aufbau und der Ausrüstung grundsätzlich denjenigen der elektrischen Roten Pfeile. Die Unterschiede waren durch die Steuerung des Antriebs bedingt. Anstelle des grossen Handrades für den Stufenschalter gab es in den Dieseltriebwagen zwei Hebel: rechts der Schalthebel für das Stufengetriebe und links der Gashebel für die Drehzahlregulierung des Dieselmotors. Ergänzt wurde die Instrumentierung durch einen Drehzahlmesser für den Motor sowie eine Temperaturanzeige für das Kühlwasser.

Der „Jura-Pfeil"

Die Konzeption der für sitzende Bedienung eingerichteten Führerstände wurde grundsätzlich von den kleinen Roten Pfeilen übernommen. Grosse Aufmerksamkeit schenkte man einer übersichtlichen Anordnung der Bedienelemente.

In Fahrtrichtung links angeordnet war der abgeschrägte Führertisch. Über das Handrad des Steuerkontrollers vorne in der Mitte liessen sich die elf Fahr- und 20 Bremsstufen schalten. Direkt darüber befand sich das verriegelbare Schaltpult mit den Hebeln zum Schalten der wichtigsten Steuerfunktionen. Ganz oben auf dem Führertisch waren die Anzeigeinstrumente für Fahrleitungs- und Triebmotorenspannung, Fahrmotorstrom, Volt- und Ampèremeter für die Zugheizung und eine Anzeige des Schleuderschutzes, sowie die Bremsmanometer angeordnet. Auf der linken Seite des Führertisches gab es je ein Führerbremsventil für die automatische und die direkt wirkende Druckluftbremse.

Auch der Jura-Pfeil war mit der BBC-Sicherheitssteuerung für einmännige Bedienung und der automatischen Zugsicherung System Signum ausgerüstet. Der zugehörende Rückstellschalter und die Meldelampe befanden sich auf dem Führertisch, das Totmannpedal der Sicherheitssteuerung im Fussraum vor dem Führersitz.

Schalthebel für die elektropneumatischen Sandstreuer im Triebdrehgestell, für die elektrische Fensterheizung in den Führerständen und für die Licht- und Türsteuerung vervollständigten die Einrichtung. Die Geschwindigkeitsanzeige erfolgte an einem Tachometer üblicher Bauart. Eine Handbremse in jedem Führerstand wirkte auf das jeweils benachbarte Drehgestell.

Der „Churchill-Pfeil“

Die Führerstände des Churchill-Pfeils entsprachen in Bezug auf die Anordnung und Zweckmässigkeit der Einrichtung bereits erprobten Konzepten. Zentraler „Blickfang“ war auch hier das grosse Handrad des Steuerkon-

BILD: SLM/ARCHIV VERKEHRSHAUS

Der bereits recht modern wirkende Führerstand des Re 4/8 Nr. 301, welcher später in RAe 4/8 Nr. 1021 Churchill-Pfeil umbenannt wurde

Bei allen Roten Pfeilen konnte dem Lokführer durch die Glasfenster über die Schulter geschaut werden. Im Bild: Führerstand des Schnelltriebzugs Re 8/12 Nr. 501 Tatzelwurm

Bild: MFO/Archiv Verkehrshaus

trollers, darüber befand sich der verriegelbare Schaltkasten mit den Steuerstromschaltern. Das Führerbremsventil für die direkt wirkende Druckluftbremse war auf der rechten Seite angeordnet.

Auf dem abgeschrägten Führertisch fanden ferner alle notwendigen Messinstrumente zur Strom- und Spannungskontrolle sowie die Bremsmanometer Platz. Für jede Wagenhälfte gab es ein separates Voltmeter, welches im oberen Teil der Skala die Fahrdrahtspannung anzeigte, bei Fahrtstellung des Steuerkontrollers im unteren Teil hingegen die Spannung der parallel geschalteten Triebmotoren. Damit konnte der Gleichlauf der beiden Gleittransformatoren kontrolliert werden.

Anzeigen für die Stellung der elektropneumatisch betätigten Aussentüren und der ausfahrbaren Fusstritte vervollständigten die Meldeeinrichtungen.

Der Führerstand I war mit einem registrierenden Tachometer ausgerüstet, Führerstand II mit einem nichtregistrierenden. Sie wurden von den Achsbüchsen aus über ein Kegelradgetriebe und Kardanwellen rein mechanisch angetrieben.

Das Totmannpedal im Fussraum vor dem Lokführersitz ergänzte die Sicherheitssteuerung. Ein daneben vorhandenes, mit dem Fuss betätigtes elektrisches Auslöseventil erlaubte bei einer Notbremsung das Lösen der Bremsklötze noch vor dem Stillstand des Fahrzeuges, um ein Gleiten der Räder auf den Schienen und damit verbundene Flachstellen zu vermeiden.

In kalten Jahreszeiten sorgten im Führerstand verteilte Heizkörper und eine Fusswärmeplatte unter dem Pedal der Sicherheitssteuerung für eine behagliche Atmosphäre. Die doppelt verglasten Frontscheiben waren ebenfalls heizbar.

Der für den Betrieb der im Churchill-Pfeil eingebauten Lautsprecheranlage notwendige Verstärker befand sich im Führerstand I.

Eine Handbremse war in jedem Führerstand vorhanden, wirkte aber nur auf das jeweils darunter liegende Laufdrehgestell.

Der „Tatzelwurm"

Die Anordnung der Messinstrumente und Schalter ist bis auf ein paar spezifische Abweichungen gleich wie jene in den kleinen Roten Pfeilen.

Oberhalb des grossen Handrades für den Steuerkontroller befanden sich die im verriegelbaren Steuerstromschaltkasten eingebauten Hebelschalter für die Bedienung der wichtigsten Funktionen wie: Stromabnehmer, Wendeschalter, Steuerstromhauptschalter, Kompressor, Zugheizung, usw. Auf der rechten Seite angeordnet war das Führerbremsventil für die direkt wirkende Druckluftbremse.

Messinstrumente waren zur Anzeige von Strom- und Spannung der Fahrleitung und der Triebmotoren sowie für die Druckluftbremse vorhanden. Ferner gab es die für die Bedienung der pneumatischen Türen (seitenselektiv) und der Schiebetritte notwendigen Schalter und Rückmeldeanzeigen, ebenso eine optische Abfahrtsanzeige.

Ergänzt wurde die Einrichtung der Führerstände durch einen Summer der Sicherheitssteuerung Bauart BBC und einem Rückstellschalter mit Meldelampe für die automatischen Zugsicherung Signum. Der Überwachung des Lokführers diente das bereits bekannte Totmannpedal. Die Magnete der automatischen Zugsicherung waren am Drehgestell I des Zwischenwagens befestigt, die Apparatur dazu befand sich in einem Schrank im Gepäckabteil.

Zur Bedienung der Beleuchtung und der Führerraumheizung war rechts neben dem Führertisch eine separate Schalttafel vorhanden.

Um den Reisenden einen freien Ausblick auf die Strecke zu ermöglichen, schlossen verglaste Trennwände die Führerstände nach hinten ab.

Die Doppelschnell-triebwagen

Die beiden Führerstände für sitzende Bedienung hatten im Gegensatz zu den anderen Schnelltriebwagen einen separaten Einstieg von aussen in Form einer kleinen Seitentüre auf der linken Fahrzeugseite. Ihre Einrichtung entsprach den damals neuesten SBB-Triebfahrzeugen.

Die Ausrüstung sollte möglichst einfach bedienbar sein und dem Lokführer einen ergonomischen Arbeitsplatz bieten.

Auch in den Doppelschnelltriebwagen 661 und 662 dominierte das grosse Steuerhandrad, mit dem die Hüpfersteuerung betätigt und damit schliesslich die Geschwindigkeit reguliert wurde.

Ein mit einem Schlüssel mechanisch verriegelbarer Schaltkasten enthielt die Hebel für den Steuerstromhauptschalter, die Stromabnehmer, den Kompressor, die Zugheizung, usw. Mit der linken Hand zu bedienen war das Führerbremsventil für die automatische Druckluftbremse. Die in jedem Führerstand eingebaute Handbremse wirkte nur auf das jeweils darunter liegende Laufdrehgestell. Anzeigeinstrumente waren für die Fahrleitungs- und Triebmotorspannung und den Fahrmotorstrom sowie für die Druckluftbremse vorhanden. Ebenfalls waren Schalter für die Steuerung der Aussentüren, ergänzt mit einer optischen Rückmeldung, auf dem Führertisch eingebaut. Ein elektrisch angetriebener Geschwindigkeitsmesser in jedem Führerstand vervollständigte die Ausrüstung.

Für die Sicherheit während der Fahrt sorgte die Sicherheitssteuerung Bauart BBC mit Rückstellschalter, optischer und akustischer Anzeige für den Lokführer und dem Totmannpedal. Ergänzend dazu kam die automatische Zugsicherung Signum. Je drei dazugehörende Magnete waren an den beiden Laufdrehgestellen angebracht.

Zentrales Instrumentenbrett der kleinen Roten Pfeile. Links Volt- und Ampèremeter, rechts davon die runden Anzeigen für Bremszylinder und Hauptluftbehälter

BILD: VALLY GOHL

2/4 Inneneinrichtung

BILD: WMP SENN

Die kleinen „Roten Pfeile"

Der grosse Fahrgastraum zwischen den beiden Einstiegsplattformen war gegen diese mit verglasten Querwänden mit Schiebetüren abgeschlossen. Nicht ganz mittig war er mit einer ebenfalls verglasten Trennwand in ein Raucherabteil mit 24 Sitzplätzen und ein Nichtraucherabteil mit 28 Sitzplätzen unterteilt. Im leicht grösseren Nichtraucherabteil befand sich auch eine Toilette. Weitere 18 Sitzplätze gab es auf den beiden jeweils neben dem Lokführer angeordneten Sitzbänken, auf Klappsitzen in den Einstiegsplattformen und auf einer abklappbaren Sitzbank in Längsrichtung an der Wand zur Toilette. Somit waren insgesamt 70 Sitzplätze vorhanden, vorgesehen waren ferner 30 Stehplätze. Die Sitze bestanden aus einer geschweissten Stahlrohrkonstruktion mit leichten Lederpolstern.

Da bei diesen als Alleinfahrern vorgesehenen Triebwagen der Stationsaufenthalt für den Fahrgastwechsel möglichst kurz sein sollte, verzichtete man auf den Einbau von Gepäck- und Postabteilen. In den beiden dieselmechanischen Triebwagen 101 und 102 gab es dieses Gepäckabteil schon bei Ablieferung, ansonsten war die Inneneinrichtung identisch mit derjenigen der elektrisch betriebenen Roten Pfeile.

Die Innenbeleuchtung mit je einer Glühlampe von 25 W über jedem Sitz-

Die Inneneinrichtung des revidierten Churchill-Pfeils ist sehr gediegen – die Sitze gruppieren sich jeweils um einen Esstisch, so dass hier auch Mahlzeiten serviert werden können

abteil dürfte nicht gerade gleissende Helligkeit verbreitet haben. Für die Stromversorgung der Beleuchtung war eine Batterie vorhanden, deren Nachladung eine Motorgeneratorgruppe sicher stellte. In den beiden Dieseltriebwagen besorgte ein von einer Laufachse aus mit einem Riemen angetriebener Ladegenerator die Batterieladung.

Der „Jura-Pfeil"

Der Innenraum des Jura-Pfeils teilte sich auf in die beiden Führerstände und den jeweils daran anschliessenden Einstiegsplattformen. Zwischen den beiden Einstiegen befand sich das Personenabteil, gegen diese hin mit verglasten Trennwänden abgeschlossen und durch Schiebetüren mit Glaseinsätzen zu betreten.

Eine ebenfalls verglaste Trennwand mit Türe unterteilte den Fahrgastraum in ein Nichtraucherabteil mit 32 Sitzplätzen und ein Raucherabteil mit 24 Sitzplätzen auf leicht gepolsterten Sitzbänken in der 3. Klasse.

Am Wagenende über dem Triebdrehgestell war ein kleines Gepäckabteil, ein separat abschliessbares Postabteil, eingebaut. Obwohl Gepäck- und Postraum von Anfang an vorhanden und auch als solche deklariert waren, fanden sie in der Typenbezeichnung des Schnelltriebwagens keine Berücksichtigung. Die Bezeichnung Ce 2/4 wies den Jura-Pfeil als reinen Personentriebwagen aus. Zusätzliche Sitzplätze befanden sich im Gepäckabteil auf insgesamt sieben Klappsitzen. Weitere vier Klappsitze gab es auf der Einstiegsplattform über dem Laufdrehgestell, ferner war je ein Klappsitz für zwei Personen in jedem Führerstand vorhanden. Der Triebwagen bot ausserdem Raum für 30 Stehplätze. Im Jura-Pfeil waren erstmals in einem SBB-Fahrzeug die Gepäckträger über den Sitzplätzen oberhalb der Fenster in Längsrichtung angeordnet.

Der „Churchill-Pfeil"

Obschon von den Abmessungen her identisch, unterschieden sich die beiden Wagenhälften in der Inneneinrichtung leicht. In beiden Wagen war unmittelbar hinter den Führerständen je ein Personenabteil mit 16 Sitzplätzen eingerichtet. Die Sitze hatten umklappbare Rückenlehnen und konnten immer in Fahrtrichtung gedreht werden. Erst anschliessend an diese Abteile folgten die Einstiegsplattfor-

Plüsch und Schnörkel: Was anno dazumal in den Tatzelwürmern" Re 8/12 Nrn. 501/502 als modern galt, würde heute als „hoffnungslos veraltet" angesehen

Sich während der Reise verwöhnen lassen. Eine Bar war schon immer im Churchill-Pfeil vorhanden. Nach dem Umbau wurde diese dem Design unserer Zeit angepasst

men mit den elektropneumatisch betätigten Doppelschiebetüren und vier Klappsitzen. Von den Einstiegsräumen her betrat man dann durch verglaste Schiebtüren die grossen Personenabteile mit je 40 komfortabel gepolsterten Sitzplätzen.
Neben den Lautsprechern an den Stirnwänden der grossen Personenabteile waren ausserdem je eine Uhr und eine Geschwindigkeitsanzeige angebracht. Anschliessend an die grossen Fahrgastabteile folgte im Wagen I ein Buffetraum mit Bartheke und sechs Sitzplätzen, im Wagen II hingegen ein Gepäckraum, ein Küchenraum mit elektrischem Kochherd und Backofen sowie einem Spültrog und zwei Toiletten.

Der „Tatzelwurm“

Aufbau und Inneneinrichtung der beiden Triebwagen waren identisch. Unmittelbar an den Führerstand schloss sich ein reihenbestuhltes Personenabteil 3. Klasse mit 16 Sitzplätzen an. Dank verglaster Rückwände in den Führerständen genoss das reisende Publikum von hier aus freien Blick auf die Strecke.

Zwischen den beiden Einstiegen befand sich dann ein grosses Fahrgastabteil mit 48 Sitzplätzen in der 3. Klasse, je zur Hälfte unterteilt in Raucher und Nichtraucher. Am hinteren Wagenende folgte nach dem Einstieg zuerst ein kleines Personenabteil mit acht Sitzplätzen 3. Klasse, danach der Apparateraum mit dem Trafo und ganz am Wagenende ein WC.

Der Zwischenwagen hatte am einen Wagenende ein Abteil 3. Klasse mit 24 Sitzplätzen, am anderen Ende gab es ein kleines Gepäckabteil. Zwischen den beiden Einstiegen befand sich ein Abteil 2. Klasse mit 30 Sitzplätzen (Zug 501) beziehungsweise 40 Sitzplätzen (Zug 502). Der Unterschied rührte daher, dass im Triebzug 501 das Abteil der 2. Klasse in der Anordnung 2+1 bestuhlt war, im Triebzug 502 dagegen 2+2. Zusätzlich gab es Klappsitze auf allen Einstiegsplattformen des „Tatzelwurms“.

Bilder: MFO/Archiv Verkehrshaus (Seite 64), WMP Senn (Seite 65)

Die beiden Schnelltriebzüge waren mit der gleichen Warmluftheizung ausgerüstet, wie sie bereits beim Churchill-Pfeil zum Einbau kam. Allerdings war hier die gesamte Anlage unter dem Wagenboden untergebracht.

Die Doppel-Schnelltriebwagen

Beide Wagenhälften der Doppelschnelltriebwagen besassen zwischen den Führerständen und den Einstiegen ein grosses Passagierabteil mit je 40 gepolsterten Sitzplätzen. Die Rückenlehnen der Sitze waren umklappbar, so dass die Reisenden stets in Fahrtrichtung sitzen konnten. Zwei Logenplätze befanden sich direkt neben dem Lokführer.

Hinter den Einstiegen gegen die Wagenenden hin war ein grosser Gesellschaftsraum mit 18 frei beweglichen, ebenfalls gepolsterten Stahlrohrstühlen, die von den Reisenden nach belieben platziert werden konnten. Sämtliche Gepäckträger waren in Längsrichtung eingebaut, damit die Passagiere einen ungehinderten Ausblick durch die grossen Fenster geniessen konnten.

Die Wagenhälfte II wartete hinter dem Gesellschaftsraum mit einem Office-Raum auf, welcher ein Buffet mit Bartheke, Vorrats- und Kühlschränke sowie eine Kochnische mit Spültrog enthielt. Auf der gegenüberliegenden Seite des Durchganges gab es auch hier einen Apparateschrank.

Für die Heizung und Lüftung kam eine von der SWS neu entwickelte Anlage zum Einbau. Ventilatoren sogen von aussen die Frischluft an, welche dann durch Deckenkanäle verteilt und oberhalb der Fenster in die Abteile geblasen wurde. Im Winter konnte die Frischluft mit elektrischen Heizregistern vorgewärmt werden, wobei Thermostate die Temperatur überwachten.

Karrierte Polster in den Doppelpfeilen – sie verfügten über den modernsten Innenausbau aller Pfeile

BILD: FOTO-SERVICE SBB

2/5 Varianten und Umbauten

Ging als der wohl wichtigste Umbau in die Geschichte der Roten Pfeile ein: Puffer, Zughaken und Schlauchkupplung, um einen Anhänger mitzuführen

BILD: FOTO-SERVICE SBB

Die kleinen „Roten Pfeile"

Über die Farb- und Beschriftungsvarianten scheinen nicht allzu viele Daten überliefert zu sein, da sich nur sehr spärlich Angaben darüber finden lassen.

Sicher ist, dass die Roten Pfeile, wie sie im Volksmund schon bald nach ihrer Inbetriebnahme genannt wurden, immer rot lackiert waren. Bei Ablieferung der ersten Leichttriebwagen war es ein dunkles Rot, das etwa 1937 einem helleren Farbton wich. Da diese Farbe offenbar nicht befriedigte, kehrte man später wieder zum ursprünglichen Dunkelrot zurück. Dieser Farbton blieb dann für den Anstrich aller Roten Pfeile bis zu deren Verschrottung erhalten.

Wesentlich zahlreicher waren da schon die Umbauten und Änderungen, welche an den Roten Pfeilen im Laufe ihres Daseins vorgenommen worden waren. Da sie bei den Einsätzen in ihrem vorgesehenen Aufgabengebiet bald einmal zu klein waren und auf Grund der fehlenden Zug- und

Stossvorrichtungen die Mitnahme von Anhängewagen nicht möglich war, suchte man schon bald nach einer Lösung dieses Problems.

1944 begann die HW Zürich mit dem Umbau der beiden zuerst gebauten elektrischen Triebwagen, damals als Re 2/4 Nrn. 201 und 202 bezeichnet. An den Fronten wurden je zwei Puffer normaler Bauart und ein leichter Zughaken angebaut, was eine Verstärkung des Kastengerippes an den Stirnseiten erforderlich machte. Eine Schraubenkupplung war nicht vorgesehen. Weitere tiefgreifende Änderungen erforderte die Anpassung des Bremssystems. Damit die angehängten Wagen gebremst werden konnten, musste die automatische Druckluftbremse eingebaut werden. Für deren Bedienung erhielt jeder Führerstand ein zusätzliches Führerbremsventil. Die Verbindung mit den Anhängewagen erfolgte über Schlauchkupplungen an den Stirnfronten der Triebwagen neben den Puffern.

Als Folge dieser Umbauarbeiten erhöhte sich das Leergewicht der kleinen Roten Pfeile 201 und 202 um gut fünf Tonnen je Wagen. Messungen und Versuche ergaben eine maximal zulässige Anhängelast von 30 Tonnen bis zu einer Steigung von 12 ‰. Auf steileren Strecken reduzierte sich das Gewicht der Anhängelast und ab 18 ‰ durften keine Zusatzwagen mehr beigegeben werden.

Grössere Umbauten führte die HW Zürich in den Jahren 1952 und 1953 an zwei elektrischen Roten Pfeilen aus, damals mit den Nummern 601 und 606 bezeichnet. Dabei wurde zuerst beim Wagen 606 der Kasten um 2,60 m verlängert. Zum Einbau kamen neue Sitze mit Stoffpolstern. Die neuen Sitze brachten im Gesellschaftsverkehr dank grösserer Sitzabstände und somit mehr Beinfreiheit eine wesentliche Komfortsteigerung.

Als einziges weiteres Fahrzeug der ganzen Gruppe der kleinen Roten Pfeile erhielt nur noch der 1952 bei einem Zusammenstoss schwer beschädigte Wagen 601 den gleichen Umbau mit der beschriebenen Verlängerung des Wagenkastens. Die RCe 2/4 Nrn. 603-607 durchliefen zwischen 1954 und 1957 zwar ebenfalls ein Erneuerungsprogramm, wo-

Bild: Christian Frauenknecht

bei aber eine Verlängerung des Wagenkastens unterblieb.

Einen wesentlich umfangreicheren Umbau mussten die beiden dieselmechanischen Triebwagen RCm 2/4 Nrn. 101 und 102 in den Jahren 1951 und 1953 über sich ergehen lassen. Sie erhielten nämlich einen elektrischen Antrieb eingebaut und danach die neuen Bezeichnungen RCe 2/4 Nrn. 611 und 612.

Federführend für diese Umbauaktion war wiederum die HW Zürich, welche die von der SAAS gelieferte elektrische Ausrüstung einbaute. Um die Kosten möglichst niedrig zu halten, verwendete man Bauteile, welche sich bei anderen Fahrzeugtypen bereits bewährt hatten. So waren beispielsweise der Fahrmotor und die Hüpfer von der gleichen Bauart, wie sie in den Re 4/4 I Nrn. 401–426 eingebaut worden waren.

Auf den ersten Blick etwas unkonventionell erschien die Lösung mit dem neuen Antrieb mittels Elektromotor. Zwar wurde der Dieselmotor mit der zugehörigen Kupplung ausgebaut, das mechanische Stufengetriebe und

Zwischen 1963 und 1976 präsentierte sich der Doppel-Schnelltriebwagen ohne besonderen Schmuck auf der Stirnfront. Vorher wies er ein Schweizer Wappen mit Flügelornament auf, danach das neue SBB-Logo

Die beiden Rote Pfeile Nrn. 1008 und 1009 entstanden nach dem Umbau aus dem Dieseltriebwagen. Sie waren an ihren ungleichen Deckeln über den Vorbauten sofort zu erkennen

BILD: FOTO-SERVICE SBB

das Wendegetriebe hingegen blieben bestehen. Von den fünf vorhandenen Gängen sperrte man deren drei. Die Umschaltung der beiden verbliebenen Gänge für die zwei zulässigen Höchstgeschwindigkeiten von 75 und 110 km/h erfolgte von Hand und durfte nur im Stillstand vorgenommen werden!

Anlässlich des Umbaus erhielten die beiden ehemaligen Dieseltriebwagen ebenfalls normale Zug- und Stossvorrichtungen mit den üblichen Puffern und den leichten Zughaken, damit Anhänger mitgeführt werden konnten.

Der „Jura-Pfeil"

Bei Ablieferung trug der Jura-Pfeil einen hellgrünen Anstrich mit orangefarbener Aufschrift „FLECHE DU JURA", welche auf seinen eigentlichen Verwendungszweck hinwies und ihm auch den bald geläufigen Übernamen „Jura-Pfeil" eintrug. Unterhalb dieses Schriftzuges, etwas kleiner angeschrieben, wies die Aufschrift SBB-CFF auf die Eigentümerin des Fahrzeuges hin.

Dieser Anstrich blieb bis 1952 erhalten. Anlässlich eines Umbaus erhielt der Wagen dann den üblichen dunkelgrünen SBB-Anstrich und die dreisprachigen Aufschriften SBB-CFF-FFS mit dem Schweizer Wappen.

Obwohl dieser Schnelltriebwagen stets ein Einzelgänger war, blieb er vor zahlreichen Umbauten und Modernisierungen nicht verschont. Auch zeigten sich im Nachhinein einige konstruktive Mängel, die im Laufe der Zeit ausgemerzt wurden.

Bereits 1947 mussten die sehr leicht gebauten Drehgestelle verstärkt werden. Die Lenkeinrichtung für eine radiale Einstellung der Radsätze nach System SIG-Liechty bewährte sich nicht so besonders und wurde deshalb stillgelegt. Ab 1950 verbesserte der Einbau einer zusätzlichen Fremdventilation die bisher auf langen Steigungen ungenügende Kühlung der eigenventilierten Fahrmotoren. Nach dem gleichzeitig vorgenommenen Einbau einer geschwindigkeitsabhängigen R-Bremse erfolgte die Umzeichnung des Schnelltriebwagens in RCe 2/4 Nr. 621. Im Jahre 1954 machte der thermisch überbeanspruchte Transformator eine Neuwicklung notwendig.

Einen grösseren Umbau führte die HW Zürich dann 1957 aus. Die etwas ungünstige Platzierung der am Trafo unter dem Wagenboden angebauten Stufenhüpfer führte regelmässig zu Verschmutzungen, was sie dann immer öfters mit Überschlägen quittierten. Anlässlich einer Hauptrevision wurde das ehemalige Postabteil in einen Apparateraum umgewandelt und die Hüpfer dorthin versetzt.

Weitere grosse Umbauten oder Änderungen sind dann bis zu seiner Ausrangierung keine mehr vorgenommen worden. Von schweren Unfällen war der Jura-Pfeil glücklicherweise nie betroffen gewesen.

Der „Churchill-Pfeil“

Entsprechend des damaligen Farbkonzepts für die Schnelltriebwagen erhielt auch der Churchill-Pfeil den roten Anstrich. Die Anschriften für die Eigentumsbezeichnungen SBB-CFF bestanden aus einzeln aufgesetzten, verchromten Buchstaben. Die restliche Beschriftung war aufgemalt.

Zwischen 1967 und 1969 erfuhr der Churchill-Pfeil in der HW Zürich den einzigen grösseren Umbau. Dabei wurde die Inneneinrichtung komplett erneuert und eine Röhrenbeleuchtung eingebaut. Eine normale Oerlikon R-Bremse ersetzte die vorhandene Druckluftbremse. Auch die Ansteuerung der elektrischen Widerstandsbremse erfuhr einige Änderungen.

Der Churchill-Pfeil erhielt nach seinem Umbau in den Jahren 1967–69 eine Zierlinie in Fussbodenhöhe. Das Foto entstand bei Arth-Goldau 12.08.1974

Bild: Urs Bösiger

Das Aussehen des eleganten Schnelltriebwagens änderte nur wenig durch das Anbringen einer weissen Zierlinie auf der ganzen Fahrzeuglänge in Fussbodenhöhe. Die aufgesetzten Chrombuchstaben wichen einer vollständig aufgemalten Beschriftung.

Ein Trafoschaden an einem der Gleittransformatoren beendete 1979 vorerst seine Karriere. Da eine Reparatur nicht mehr in Frage kam, rettete ein Verkauf an Privat das historisch wertvolle Fahrzeug vor dessen Verschrottung. In Folge finanzieller Schwierigkeiten gab es erneute Besitzerwechsel, bevor das Reisebüro Mittelthurgau 1994 in den Besitz des Fahrzeuges gelangte und dessen Aufarbeitung in die Wege leitete. Der störanfällige Gleittransformator wird jetzt nur noch mit einem festen Spannungsabgriff betrieben und die Regelung der Traktionsleistung übernimmt ein aus Tschechien stammender Stromrichter.

Eine Hälfte des kurzgekuppelten Churchill-Pfeils, kurz vor seinem Umbau in Samstagern 07.05.1995

Der „Tatzelwurm"

Die Geschichte der beiden Schnelltriebzüge war eine ziemlich bewegte. Kaum eine andere Fahrzeugserie wies in Bezug auf ihre geringe Stückzahl so viele Änderungen und Umbauten auf.

So erschienen auch die beiden „Tatzelwürmer" ab Werk im selben leuchtend roten Anstrich, wie alle anderen bisher gebauten Schnelltriebwagen (mit Ausnahme des Jura-Pfeils). Der rote Anstrich änderte sich während der gesamten Betriebszeit nie. Die Eigentumsanschriften SBB-CFF sowie die Klassenbezeichnungen bestanden aus erhabenen, einzeln aufgesetzten, verchromten Buchstaben und Ziffern, während die restliche Beschriftung in gelber Farbe aufgemalt war.

BILD: BRUNO HITZ

Der Triebzug 501 war noch nicht einmal zwei Jahre alt, als er 1939 in Rorschach einem Brand zum Opfer fiel, wobei ein Triebwagen vollständig und der Zwischenwagen teilweise zerstört wurde.

Durch den Anbau eines Führerstandes am Ende mit dem kleinen Personenabteil des ehemaligen Zwischenwagens aus dem Re 8/12 Nr. 501 entstand zusammen mit dem unversehrt gebliebenen Triebwagen der zweiteilige Triebzug Re 4/8 Nr. 311, welcher 1941 in Betrieb ging. Die Triebdrehgestelle waren auf beide Wagen des „neuen" Triebzuges verteilt und befanden sich jeweils unter den Führerständen. Hingegen besass er nur einen Stromabnehmer, der sich auf dem vom ehemaligen Triebzug 501 stammenden Triebwagen befand.

Zwar waren die BBC-Gleittransformatoren für den damaligen Stand der Technik eine bemerkenswerte Neuerung, die Störanfälligkeit stieg aber im Lauf der Jahre rapide an. So erhielt 1953 zuerst der damals als RBCFe 4/8 Nr. 671 bezeichnete zweiteilige Triebzug einen normalen Stufentrafo und eine SAAS-Hüpfersteuerung eingebaut. Einen analogen Umbau musste dann ein Jahr später der dreiteilige Tatzelwurm mit der Typenbezeichnung RBCFe 8/12 Nr. 691 ebenfalls über sich ergehen lassen.

1961, fast auf den Tag genau 22 Jahre nach dem Brand des Re 8/12 Nr. 501, ging der ehemalige Re 8/12 Nr. 502, jetzt als RABFe 8/12 Nr. 1041 bezeichnet, während eines Einsatzes in Flammen auf. Da im Hinblick auf die EXPO von 1964 ein erheblicher Mehrverkehr erwartet wurde, sollte der Triebzug wieder aufgebaut werden.

Da 1962 der zweiteilige Triebwagenzug RABFe 4/8 Nr. 1031 mit Getriebeschäden abgestellt werden musste, erfolgte ein kompletter Umbau der beiden beschädigten Schnelltriebzüge, wobei von jedem das noch brauchbare Material Verwendung fand. So entstand in den Jahren 1963 und 1964 in der HW Zürich der vierteilige Schnelltriebzug RABDe 8/16 Nr. 1041, wiederum mit dem leuchtend roten Anstrich, aber nur noch mit komplett aufgemalter Beschriftung in gelber Farbe.

Die einzelnen Fahrzeuge des RABDe 8/16 Nr. 1041 hatten folgende Herkunft:

- Triebwagen 1: früher 1031/1 (mit Stromabnehmer)
- Mittelwagen 2: früher 1031/2 (ohne Stromabnehmer)
- Mittelwagen 3: früher 1041/2
- Triebwagen 4: früher 1041/3

Der zweite, beim Brand schwer beschädigte Triebwagen des ehemaligen RABFe 8/12 Nr. 1041 verfiel dem Abbruch. Beide Zwischenwagen waren so eingereiht, dass sich die Gepäckabteile in der Zugmitte gegenüber lagen.

Sogar der Status eines Versuchsträgers wurde dem „neuen" Vierwagenzug RABDe 8/16 Nr. 1041 noch zugestanden: Er erhielt eine völlig neu entwickelte, direkt wirkende elektropneumatische Oerlikon-Bremse. Dies erfolgte im Hinblick auf einen allfälligen Einbau dieser Bremse in die sich damals im Planungsstadium befindlichen Vorortstriebzüge RABDe 12/12.

Die Doppel-Schnelltriebwagen

Bei ihrer Ablieferung erschienen die beiden Doppelschnelltriebwagen im selben roten Anstrich, wie alle ihre als Schnelltriebwagen klassifizierten Vorgänger verschiedener Baureihen. Damit unterstrichen sie ihre Zugehörigkeit zum Park der Ausflugs- und Gesellschaftstriebwagen. Die Stirnfronten schmückte ein Schweizer Wappen mit Flügelornament, während die Seitenwände auf Pufferhöhe mit einem breiten silberfarbenen Streifen verziert waren. Auf die erhaben aufgesetzten, verchromten Buchstaben verzichtete man hier gleich von Anfang an. Die ganze Beschriftung war aufgemalt, wobei die Eigentumsbezeichnungen in der etwas ungewöhnlichen Reihenfolge CFF-SBB-FFS angebracht waren.

1963 wich der hellrote Anstrich einem dunkelroten und die Beschriftung erfuhr eine erhebliche Vereinfachung. Stirnfronten wie Seitenwände präsentierten sich fortan ohne besonderen Schmuck. Eine weitere Beschriftungsvariante gab es dann noch ab etwa 1976. Die Eigentumsbezeichnungen wurden analog den damals neuen Einheitswagen III Typ „Swiss-Express" ausgeführt, wobei das neue SBB-Logo auch auf den Stirnfronten prangte.

EINSATZ 3

Oben: Rotpfeilfahrt nach Capolago (Monte Generoso), mit Zwischenhalt in Lugano (23. 05.1948).
Nächste Seite: RAe 2/4 Nr. 1002 auf der OeBB zwischen Oensingen und Maiacker (29. 08.1982).

BILDER: SLG. SIEGENTHALER (SEITE 75), BRUNO HITZ (SEITE 76)

SBB CFF FFS

geleien unter den Reisenden vorgekommen sein! Kurz und gut, die „Roten Pfeile“ hätten recht bald schon um ein Vielfaches grösser sein müssen, als sie waren. Das Fehlen von Zug- und Stossvorrichtungen zum Mitführen eines dringend nötigen Verstärkungswagen machte sich bereits bemerkbar. In der gleichen Zeit legte Schindler (SWS) ein Projekt für einen bloss 22 Tonnen schweren Leichtstahlwagen vor, das leider im Sand verlief. Stattdessen spitzte sich die Lage in Sachen Einsatzschwierigkeiten bei den „Roten Pfeilen“ immer mehr zu. Im Herbst 1937 musste der Zürcher-Umlauf komplett durch eine lokbespannte Komposition ersetzt werden. Nur zwei Jahre später konnte für diese Triebwagengattung keine sinnvolle Beschäftigung mehr gefunden werden, weshalb die kleinen „Roten Pfeile“ vorerst stillgelegt wurden. Ihr Erfolg war den Schnelltriebwagen im wahrsten Sinne des Wortes zum Verhängnis geworden!

Skiwagen zu Schnelltriebwagen

Um für die kleinen „Roten Pfeile“ erst einmal eine Entspannung in gewisse Transportprobleme zu bringen, beschafften die Bundesbahnen einen speziell nach ihren Unterlagen angefertigten Skianhänger. Dieses einachsige Gefährt trug keine Betriebsnum-

Oben: RBe 2/4 Nr.1002 und ABDi-Wagen in Weiach. 22. August 1976

Unten: Nächtliche Ausfahrt des RAe 2/4 Nr. 1001

BILDER: RAINER SIEGENTHALER (OBEN), BEAT BRUHIN (UNTEN)

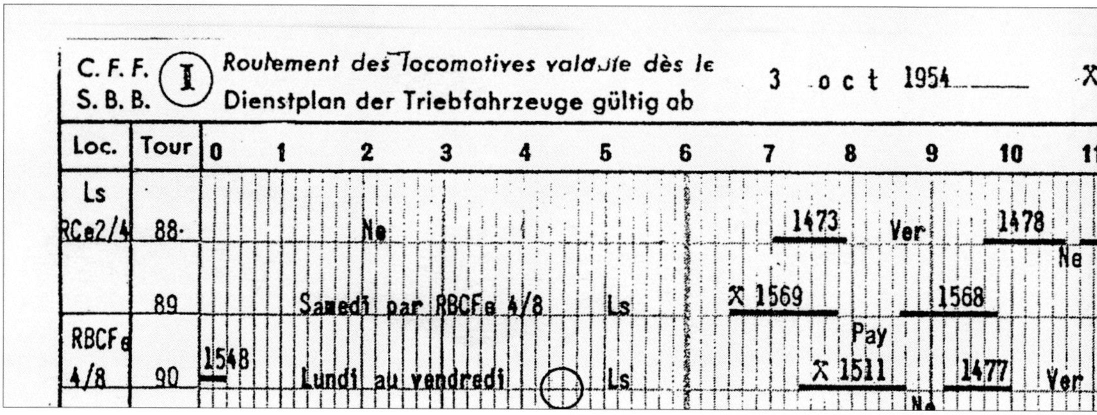
C. F. F. (I) Roulement des locomotives valable dès le 3 oct 1954
S. B. B. Dienstplan der Triebfahrzeuge gültig ab

Loc.	Tour	0 1 2 3 4 5 6 7 8 9 10 11
Ls RCe2/4	88	Ne … 1473 Ver 1478 Ne
	89	Samedi par RBCFe 4/8 Ls … 1569 1568
RBCFe 4/8	90	1548 Lundi au vendredi Ls … Pay 1511 1477 Ver Ne

Dienstplan der Roten Pfeile des SBB-Kreis I von 1954

mer, sondern nur die Anschriften „Skiwagen zu Schnelltriebwagen" sowie „stationiert im Depot Zürich". Dieser Anhänger, der ungefähr 80 Skiern liegend Platz bot, war durch zwei bewegliche Wände in drei Abteilungen aufgeteilt. Somit konnten zusätzlich noch Schlitten und Rucksäcke untergebracht werden. Der ganze Inhalt wurde mit einer Segeltuchdecke geschützt, die ihrerseits durch 18 Lederriemen am Wagenkasten befestigt war. Zum Kuppeln an ein Triebfahrzeug besass der Skiwagen zwei verschiedene Einrichtungen, wobei die tieferliegende zum Anhängen an einen „Roten Pfeil" gedacht war. Dieser wiederum musste dafür speziell mit einer Öse ausgerüstet sein. Als erster erhielt der damalige CLe 2/4 Nr. 206 beidseitig eine solche Vorrichtung. Später wurden noch weitere Schnelltriebwagen, darunter mit Sicherheit die Einheiten Nr. 204, 205 und 207 mit Ösen ausgerüstet. Mit der zweiten Kupplung konnte man den Skiwagen direkt mit dem Zughaken einer normalen Zug- und Stossvor-

Gab es einen, oder mehrere Skiwagen zu den Roten Pfeilen? Werkaufnahme des durch die SLM in Winterthur gebauten Skianhängers, der keine Betriebsnummer besass

Dienstplan/Bild: Slg. Jacobi,(oben), SLM/Archiv Verkehrshaus (unten)

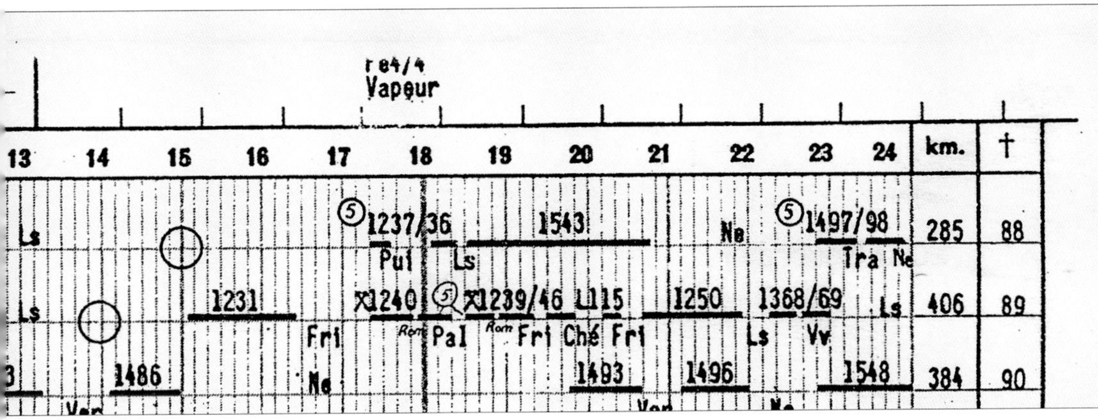

richtung verbinden, was später auch für die umgebauten kleinen Schnelltriebwagen dienlich war. Eine Bremse besass der Einachser nicht. Dafür konnte an jeder Stirnseite eine Stütze direkt auf den Schienenkopf ausgefahren werden, womit der Wagen beim Abstellen im Gleichgewicht blieb. Als Höchstgeschwindigkeit galt gezogen 125 km/h. Jedoch wurden anlässlich von Probefahrten auch 130 km/h als vollkommen sicher empfunden. Geschoben durfte der Skiwagen allerdings nur mit 25 km/h, über Weichen gar nur mit 20 km/h verkehren.

Am 17. Februar 1937 lieferte die SLM den Skiwagen an die SBB aus. Seinen ersten fahrplanmässigen Einsatz erlebte das Fahrzeug jedoch erst am 17. November des gleichen Jahres hinter dem CLe 2/4 Nr. 206 von Zürich nach Flums. Weitere Angaben aus der Einsatzzeit des Skiwagens sind äusserst rar. Bekannt ist allerdings, dass das Gefährt 1943 zusammen mit dem „Roten Pfeil" Nr. 205 an die Oensingen–Balsthal-Bahn vermietet war. Dies, weil deren eigene Triebfahrzeuge nach der Elektrifikation noch nicht ausgeliefert waren. Gegen Ende der Vierzigerjahre verliert sich die Spur des Skiwagens, denn die letzte bekannte Aufnahme datiert vom 21. Februar 1948. Nach Angaben des BAV soll der „letzte" SBB-Skiwagen allerdings erst 1956 im Depot Zürich abge-

Eilzug Winterthur–Basel mit RCe 2/4 und BCF4 unweit von Zweidlen

BILD: TOGGWEILER/SLG. SIEGENTHALER

17
SBB CFF FFS

Seiten: 84/85: Kleiner Roter Pfeil RAe 2/4 auf der Gotthard-Nordrampe am 14.08.1981

brochen worden sein. Jetzt stellt sich die Frage: Gab es mehrere Skiwagen? Die SLM hat nachweisbar nur ein solches Gefährt hergestellt. Sollten trotzdem mehrere Skiwagen existiert haben, so wären diese mit grösster Wahrscheinlichkeit in Eigenbauweise nach dem Vorbild des ersten entstanden.

Länge	4,1 m
Breite	2,8 m
Tiefe	0,62 m
Tara	1440 kg

Neue Einsatzmöglichkeiten nach dem Zweiten Weltkrieg

Bereits 1943 nahmen die Bundesbahnen die Elektrifikation ihrer Nebenlinien wieder auf. Damit öffneten sich neue Türen, was die Einsatzmöglichkeiten der kleinen „Roten Pfeile" betraf. Ihre Behinderung waren jedoch immer noch die fehlenden Zug-, und Stossvorrichtungen, welche für einen neuerlichen Fahrplaneinsatz in jedem Fall unerlässlich waren. Nach dem erfolgten Umbau, den viele damals als fürchterlichen Eingriff in das schnittige Aussehen der „Pfeile" betrachteten, war der Weg zum neuen Einsatzgebiet, wenn auch beschränkt, geebnet. Zuerst kamen alte Zweiachser, dann moderne Leichtstahlwagen hinter den „Roten Pfeilen" zum Einsatz, die 1947 schlussendlich durch fünf neue BCF4-Wagen (später ABDi) abgelöst wurden. Diese speziell angefertigten Leichtstahlfahrzeuge wogen bloss 22 Tonnen und entsprachen somit den gewünschten Bedürfnissen. Im Jahre 1945 wurden die Depots Winterthur, Zürich, Luzern und Lausanne mit kleinen „Roten Pfeilen" bestückt, die vorwiegend als Tramzüge zirku-

Unten: „Einsteigen Bitte!" – der Rote Pfeil im alten Bahnhof von Luzern, um 1957

Bilder: Beat Bruhin (Seiten 84/85), Slg. Eduard Alt/Foto-Service SBB (Seite 86)

lierten. Einzig das Depot Winterthur setzte die Schnelltriebwagen auch im Eilzugsdienst ein. Mit einem BCF4-Wagen bedienten die kleinen „Roten Pfeile" dabei die Strecke Winterthur–Bülach–Zurzach–Stein/Säckingen–Basel. Doch auch diese Einsatzvariante war auf die Dauer keine Lösung. Überbelastungen führten nicht selten zu Störungen an der elektrischen Ausrüstung, weshalb die Schnelltriebwagen nach und nach aus den Plandiensten verschwanden. Bereits Ende der Vierzigerjahre gehörte der Luzerner-Umlauf der Vergangenheit an. 1955 löste ein neuer BDe 4/4-Pendelzug die „Roten Pfeile" des Depots Winterthur ab, und zu Beginn der Sechzigerjahre war es auch um den Lausanner-Dienst geschehen. Als einzige fahrplanmässige Verbindung, die mit den kleinen „Roten Pfeilen" geführt wurde, gab es lediglich noch die Badezüge Zürich–Zurzach. Ansonsten lebten die Schienenflitzer fortan von Gelegenheitsarbeiten und vor allen vom Ausflugsverkehr. Von Juli bis Dezember 1960 verkehrte an Werktagen ein „Roter Pfeil" von Lenzburg über Mellingen nach Kilchberg.

Oben: Dieselpfeil im Broyetal bei Palézieux

Unten: Roter Pfeil und RVT in Travers

Bilder: Slg. SVEA (oben), Sebastien Jacobi (unten)

Der Churchil-Pfeil unterwegs bei Steinen mit den beiden Mythen als Hintergrund-kulisse

Eine Rarität stellt dieses Bild dar. Es zeigt den Churchil-Pfeil RAe 4/8 Nr. 1021 am 14. August 1963 im Fahrplandienst zwischen Winterthur und Winterthur-Wülflingen! Schuld an diesem kurzen Gastspiel war ein Streckenunterbruch infolge eines Unfalls

Dies weil die bei der Schokoladenfabrik Lindt arbeitenden italienischen Frauen hier keine Wohnung fanden.

Die EXPO 1964 in Lausanne verlangte von den Bundesbahnen einiges ab, denn jedes irgendwie verfügbare Triebfahrzeug musste während dieses Sommers eingesetzt werden. So kam es, dass auch die kleinen „Roten Pfeile" nochmals Fahrplandienste leisten konnten. Jedoch bedurften die Triebwagen wegen ihrer Störungsanfälligkeit eine äusserst sanfte Behandlung, was die Lokführer auch wussten. Die „Pfeile" wurden ab Lausanne, Biel, Basel sowie ab Zürich eingesetzt und erreichten zusammen (ohne ehemalige „Dieselpfeile") eine Tagesleistung von rund 880 Kilometern. Drei Schnelltriebwagen waren als Reserve eingeteilt. Nachdem die EXPO im Oktober 1964 ihre Pforten schloss, fuhren die Triebwagen wiederum die bereits oben genannten Badezüge. 1968 endete auch dieser letzte fahrplanmässige Einsatz für die kleinen „Roten Pfeile".

Strom lässt den Dieselmotor sterben

Das erste und einzige Heimatdepot der beiden Dieselpfeile war dasjenige von Lausanne. Währenddem der eine Triebwagen in Reserve stand, versah der andere ab 1936 Fahrplaneinsätze im damals noch nicht elektrifizierten Broyetal zwischen Lausanne, Payerne, Lyss sowie Solothurn. Der Dienst

Bilder: Patrick Rudin (Seiten 88/89), Rainer Siegenthaler (Seite 90)

begann um 5.46 Uhr in Payerne und führte den thermischen „Pfeil" dreimal nach Lyss, davon zweimal bis Solothurn (an Sonntagen noch einmal zusätzlich bis Büren an der Aare) sowie zweimal nach Lausanne. Nach einer vollbrachten Tagesleistung von 540 Kilometern beendete der „Dieselpfeil" seinen Dienst um 22.53 Uhr wieder in Payerne. Dieser Umlauf konnte ohne grössere Änderungen bis 1939 beibehalten werden. In den bedienten Gemeinden im Broyetal war man von den Dieselfahrzeugen regelrecht angetan, denn diese brauchten für die 100 Kilometer lange Strecke von Lausanne nach Lyss gegenüber den Dampfzügen praktisch eine Stunde weniger Fahrzeit! Bei den SBB sah die Lage etwas anders aus, da die „Dieselpfeile" von ausgiebigen Kinderkrankheiten befallen waren, die sich mit den Jahren gar noch häuften! Zudem zeigten Untersuchungen, dass solche Fahrzeuge nur beschränkt wirtschaftliche Vorteile brachten, da während der Verkehrsspitzen als Ersatz immer noch Dampfzüge eingesetzt werden mussten. Im Übrigen war man mitt-

Oben: Spezieller Rotpfeilwagen BCF4

Das letzte Einsatzgebiet des Jura-Pfeils waren die Rorschacher Hafenzüge

Bilder: Foto-Service SBB (oben), Rainer Siegenthaler (unten)

So verkehrten die Roten Pfeile in den Vierziger- und Fünfzigerjahren zwischen Winterthur und Basel meist als Eilzüge! Fotoextrazug, zusammengestellt durch einheimische Eisenbahnfreunde, mit RBe 2/4 Nr. 1002 sowie passendem ABDi-Wagen am 22. August 1976, unterwegs zwischen Glattfelden und Eglisau

BILD: RAINER SIEGENTHALER

lerweile auch zur Ansicht gekommen, dass der geeignetste Dieseltriebwagen für die zum damaligen Zeitpunkt noch nicht elektrifizierten Strecken nebst der dritten auch die zweite Wagenklasse sowie ein Gepäckabteil aufweisen müsste. Das Fahrzeug sollte des weitern auch Anhängelasten mitführen können. Unter diesen ernüchternden Umständen verzichteten die SBB auf eine Anschaffung weiterer thermischen „Roten Pfeile". In der Zwischenzeit hatte der Zweite Weltkrieg sein Leid über Europa gebracht und der daraus resultierende Brennstoffmangel liess auch die Sulzer-Motoren der „Dieselpfeile" verstummen.

Nach Kriegsende liessen sich die Bundesbahnen mit einer Wiederinbetriebnahme der Triebwagen infolge ihrer häufigen Störungen reichlich Zeit. Ab dem Herbst 1945 verkehrte ein „Dieselpfeil" zwischen Payerne und Fribourg, bis 1947 auch hier der elektrische Betrieb Einzug hielt. Im Jahre 1949 versetzte man den RCm 2/4 Nr. 612 auf die Strecke Nyon–Signy–Divonne les Bains (Nyon–Crassier), wo er ab dem Jahre 1950 versuchsweise gar im Einmannbetrieb verkehrte.

Trotz eingehender Prüfungen über die Einssatzmöglichkeiten auf anderen Strecken kamen die SBB zur Einsicht, dass ihre beiden „Dieselpfeile" als solche kaum noch zu gebrauchen waren. Der schlussendlich beschlossene Umbau in elektrische Triebwagen mit gleichzeitigem Einbau der Zug-, und Stossvorrichtungen wurde 1951 bzw. 1953 in die Tat umgesetzt.
Nach ihrer „Geschlechtsumwandlung" unterstützten die „Pfeile" meist

ihre sieben original-elektrischen Geschwister im Gesellschaftsverkehr. Zu Fahrplaneinsätzen kamen die ehemaligen Dieseltriebwagen daher nur noch selten. Während der Pfingsttage des Jahres 1958 fuhr der RBe 2/4 Nr. 612 einige Personenzüge am Gotthard, um Lokomotiven für andere Leistungen freizustellen.

Ihr „Come back" im Planeinsatz gaben die Triebwagen anlässlich der EXPO 1964. Der Umlaufplan sah für den einen ex „Dieselpfeil" vier Personenzugspaare Olten–Sissach (via Läufelfingen) und je ein Personenzugspaar von Olten nach Langenthal, Zofingen sowie Biel vor. Der zweite Triebwagen musste im Depot Olten als Reservefahrzeug bereitgehalten werden. Allen pessimistischen Prognosen zum Trotz standen die „Pfeile" dieses Arbeitspensum, das eine Tagesleistung von 360 Kilometern (zum Teil mit Anhängewagen) beinhaltete, bis zum Schluss durch. Nach dem Expo-Ende fuhren diese beiden „Roten Pfeile" unverzüglich in den Ruhestand.

Misslungene Städteschnellzugeinsatze für „Tatzelwürmer"

Der für die zwei neuen Schnelltriebwagen „Tatzelwurm" ab dem Fahrplanwechsel im Mai 1938 vorgesehene Umlaufplan (zwei Städteschnellzugspaare Genève–Zürich sowie ein Schnellzugspaar Basel–Lausanne) liess sich nicht realisieren. Zum einen war wie bei den kleinen „Roten Pfeilen" das Platzangebot zu gering, zum anderen fehlten die Zug- und Stossvorrichtungen für das Mitführen des

Die Roten Pfeile wirken auch in der heutigen Zeit noch schnittig und elegant

BILD: SEBASTIEN JACOBI
BILD: PATRICK RUDIN

hier nötigen Postwagens. Ein neu zusammengestellter Schnellzugsumlauf führte den einen „Tatzelwurm" von Rorschach über Bern nach Biel und wieder zurück bis Bern. Es folgte anschliessend eine Hin- und Rückfahrt Bern–Basel, bevor der Schnelltriebzug nach Rorschach zurückkehrte. Der zweite Triebzug diente jeweils als Reserve oder für Gesellschaftsfahrten. Schon bald mussten jedoch die „Tatzelwürmer" wieder durch lokbespannte Kompositionen ersetzt werden. Ihre grosse Beliebtheit liess die Schnelltriebzüge genau gleich wie ihre kleinen Brüder recht früh schon an die Grenzen ihrer Leistungsfähigkeit gelangen.

Hinzu kam noch der Umstand, dass 1939 ein Brand im Re 8/12 Nr. 501 wütete, und diesen als dreiteilige Einheit nicht mehr gebrauchen liess. Seine Verwendung als zweiteiliger Triebzug wird später noch erläutert. Der verbliebene dreiteilige Zug besorgte in den folgenden Jahren mehrheitlich Gesellschaftsfahrten, wozu er 1946 vom Depot Rorschach nach Lausanne wechselte. Sein letztes Heimatdepot bezog dieser „Tatzelwurm" im Jahre 1952, als er nach Winterthur umsiedelte. Von dort aus besorgte die Einheit Personenzüge nach Etzwilen und vor allem die Eilzüge auf der Strecke Winterthur–Bülach–Zurzach–Stein/ Säckingen–Basel. Bei einem solchen Einsatz fing der Triebzug Feuer und musste daraufhin ausrangiert werden.

Aus dem schwer beschädigten Zug Nr. 501 entstand 1941 ein nurmehr zweiteiliger Triebzug, welcher fortan bescheiden im Jura seinen Dienst verrichtete. Vom Depot Lausanne aus fuhr der verkürzte „Tatzelwurm" Personenzüge nach Neuchâtel und weiter bis Les Verrières (später auch bis ins französische Pontarlier). Dabei blieb es im wesentlichen, wobei man den Triebzug jedoch für kurze Zeit auch auf den Privatbahnen BN und RVT beobachten konnte. 1962 kam wegen stark abgenützter Antriebszahnräder das vorläufige Aus für diesen Zug.

Zusammengefügt aus den beiden lädierten Schnelltriebzügen ging 1964 ein „neuer" vierteiliger „Tatzelwurm" (RABDe 8/16 Nr. 1041 II) hervor. Dem Depot Winterthur zugeteilt, verkehrte die Einheit zu Versuchszwecken vorerst einige Zeit im Zürcher Vorortsverkehr (Zürich–Meilen–Rapperswil). Danach kehrte der Zug auf seine alte Stammstrecke Winterthur–Zurzach–Basel zurück. Hier leistete der „Tatzelwurm" zuletzt eine Tagesleistung von über 600 Kilometern, ehe er 1968 ausrangiert wurde.

Befriedigender „Jura-Pfeil"

Am 28. November 1938 nahm der „Jura-Pfeil" seinen Dienst auf und ersetzte gleichzeitig die Ce 4/6-Komposition, welche seit dem 22. Mai 1937 die vertraglich festgelegten Kurse ausführte. Diese umfassten eine Tagesleistung von rund 500 Kilometern und beinhalteten vier Eilzugspaare von Biel über Sonceboz nach La Chaux de Fonds (eines bis Le Locle) sowie zwei Tramzugspaare von Neuchâtel über Chambrelien, La Chaux de Fonds nach Le Locle. Alles in allem befriedigte der neue Leichttriebwagen recht gut, jedoch war auf der Steilstrecke Neuchâtel–La Chaux

de Fonds keine Anhängelast erlaubt. Gerade diese Vorschrift wurde aber wegen zunehmender Frequenzen nicht immer befolgt, was der „Jura-Pfeil" seinerseits mit Fahrmotorüberschlägen quittierte! Vielfach mussten auch lokbespannte Züge eingesetzt werden, da der Bevölkerungsansturm die Kapazitätsgrenze des Leichttriebwagens bei weitem überstieg. So auf die Schnelle liess sich jedoch kein neues Einsatzgebiet für ihn finden. Deshalb musste das Fahrzeug vorerst weiterhin im Jura Dienst tun, wobei dem „Pfeil" ab 1946 einige Erleichterungen gewährt wurden. Auf der Strecke Neuchâtel–La Chaux de Fonds fuhr der Triebwagen fortan nur noch Eilzüge, dafür gab es am Morgen zusätzlich ein Personenzugspaar Biel–Le Landeron, An den Wochenenden hatte der Leichttriebwagen neuerdings frei.

Im Mai 1954 trat endlich ein CFe 4/4-Pendelzug die Nachfolge des „Jura-Pfeils" an, wonach dieser seine erste Heimat für immer verliess. Acht Jahre lang befuhr er anschliessend die Strecke St. Maurice–Monthey–St. Gingolph und war während dieser Zeit dem Depot Lausanne zugeteilt. 1962 machte der „Jura-Pfeil" das erste Mal Bekanntschaft mit dem Depot Rorschach, indem er zwischen Kreuzlingen und Konstanz eingesetzt wurde. Die anschliessenden Pendelfahrten Wetzikon–Hinwil–Bauma bekamen dem Fahrzeug jedoch nicht gut, weshalb der 1967 nach Winterthur verschobene Triebwagen bereits ein Jahr später als Reservefahrzeug nach Olten wechselte. Dort besorgte es die Nachführungen, welche zuvor vom inzwischen ausgeschiedenen „Roten Pfeil" Nr. 1004 gefahren wurden.

Der nunmehr zweiteilige Tatzelwurm RABFe 4/8 Nr. 1031 verrichtete seinen Dienst fast ausschliesslich im Jura. Hier sehen wir ihn im Jahre 1960 unterwegs bei Les Bayards

BILD: SEBASTIEN JACOBI

BILD: PATRICK RUDIN

Im letzten Sonnenlicht rauscht der Churchill-Pfeil an Steinen vorbei

1969 kehrte der „Jura-Pfeil" endgültig nach Rorschach zurück, um hier seinen verdienten Lebensabend zu verbringen. Meist zusammen mit einem ABDi-Wagen versah der Leichttriebwagen die Hafenzüge Rorschach–Rorschach-Hafen, wobei das Gespann einmal pro Tag bis Arbon bzw. bis Romanshorn vorstiess. Dieses Arbeitspensum besorgte der „Jura-Pfeil" bis zu seiner Ausrangierung im Jahre 1977.

Keine Fahrplaneinsätze für den „Churchill-Pfeil"?

Wie wir wissen, wurde der „Churchill-Pfeil" ausschliesslich für Ausflugs- und Gesellschaftsfahrten erbaut. Dennoch kam es, wenn auch nur selten, vor, dass der stolze „Doppelpfeil" für Fahrplaneinsätze herangezogen werden musste. So zum Beispiel am 14. August 1963, als zwischen Winterthur und Bülach ein Güterzug auf einen Bauzug auffuhr. Der RAe 4/8 Nr. 1021 besorgte darauhin den Personenverkehr zwischen Winterthur und Winterthur-Wülflingen, wonach die Weiterreise per Autobus an der Unfallstelle vorbei nach Pfungen-Neftenbach abgewickelt wurde. Auch während der EXPO 1964 war der „Churchill-Pfeil" – jedoch als RBe 4/8 bezeichnet – im Fahrplandienst eingeteilt. Damals befuhr der eigentliche Gesellschaftstriebzug vorwiegend die Strecken Winterthur–Schaffhausen und Schaffhausen–Rorschach.

Rote „Doppelpfeile" ausnahmsweise im Fahrplandienst

Wie der „Churchill-Pfeil" konnte man auch die beiden modernsten Ausflugsdoppeltriebwagen nur ganz selten im Fahrplandienst beobachten. So 1958, als der RAe 4/8 Nr. 662 zusammen mit dem RBe 2/4 Nr. 612 während der Pfingsttage einige Personenzüge am Gotthard führte, um Lokomotiven freizustellen. Auch während der EXPO 1964 waren die zwei Gesellschaftstriebwagen im Plandienst anzutreffen und trugen deshalb vorübergehend die Bezeichnung RBe 4/8. Währenddem die Nr. 1022 vom Depot Lausanne aus eingesetzt wurde, versah die Einheit Nr. 1023 Personenzugsleistungen auf der Gotthard-Südrampe zwischen Bellinzona und Airolo. Der Schnelltriebwagen war hierfür vorübergehend dem Depot Bellinzona zugeteilt.

Nach 1964 wurden beide Fahrzeuge wieder zu RAe 4/8 befördert und anschliessend mehrheitlich im Gesellschaftsverkehr eingesetzt. Ein Ausnahme bildeten hin und wieder die Badezüge Zürich–Zurzach, wenn ein kleiner „Roter Pfeil" ausfiel.

Grossandrang auf die Doppelpfeile! RAe 4/8 Nr. 1022 und 1023 gemeinsam unterwegs

BILD: SLG. HEINZ SIGRIST

3/2 „Rote Pfeile" im Gesellschaftsverkehr

Bild: Beat Bruhin (Seite 98 und 99 oben), Christian Frauenknecht (Seite 99 unten)

Zum Triebwagentreffen in Einsiedeln „pilgerten" auch der kleine „Rote Pfeil", RAe 2/4 Nr. 1001 sowie ein RBe 4/4 der SBB. Bei Biberbrugg, 3. November 1984

Wie wir bereits dem vorangegangenen Kapitel entnehmen konnten, eigneten sich die „Roten Pfeile" nur beschränkt für den Fahrplandienst. Dafür aber umsomehr für den zunehmend aufblühenden Ausflugs- und Gesellschaftsverkehr. Oftmals waren die kleinen roten Flitzer bis an die Grenzen ihrer Belastbarkeit ausgebucht, und es kamen nicht selten Nachführungen vor. Später, als die Triebwagen Zug- und Stossvorrichtungen besassen, wurden sie auf stark befahrenen Strecken wie etwa am Gotthard zusammengekuppelt, um diese nicht allzusehr zu strapazieren. Im Zweiten Weltkrieg kam der Gesellschaftsverkehr jedoch völlig zum Erliegen. Da weder genügend Schmiermittel, noch eine sinnvolle Beschäftigung für die „Roten Pfeile" vorhanden war, wurden die Triebwagen vorerst remisiert. Allerdings benutzte der Schweizer Kriegsgeneral Henri Guisan für seine Erkundungsfahrten hin und wieder einen „Roten Pfeil". Auch der rote „Landi-Pfeil" war während dieser Zeit so ziemlich arbeitslos und stand meistens in Zürich-Altstetten abgestellt. Nur für Einweihungen von neu elektrifizierten Strecken durfte der „Doppelpfeil" ab und zu ausfahren. Nach dem Krieg zog der Gesellschaftsverkehr schon bald wieder an, was die „Roten Pfeile" aus ihrem Dornrö-

Oben: Sonderfahrt mit dem RAe 4/8 Nr. 1023 am Gotthard am 12. Mai 1982
Unten: Der Churchill-Pfeil überquert die Rheinbrücke bei Neuhausen am Rheinfall am 2. März 1997

schenschlaf aufwachen liess. Währenddem der „Landi-Pfeil" – ab 1946 mehrheitlich „Churchill-Pfeil" genannt – auf die Schweizerische Landesausstellung hin nicht zuletzt auch als Präsentationsstück der einheimischen Eisenbahnbauindustrie gebaut wurde, war die Anschaffung zweier weiterer „Roter Doppelpfeile" im Jahre 1953 ein dringendes Bedürfnis. Hatte der Ausflugsverkehr doch mittlerweile einen solchen Umfang angenommen, dass der dafür vorhandene Fahrzeugpark ganz einfach zu klein wurde. Während dieser Zeit fuhren auch namhafte Persönlichkeiten, von denen später noch die Rede sein

Unter Locarnos Palmen sonnt sich der RBe 2/4 Nr. 606 (später Nr. 602) nach einer anstrengenden Fahrt über den Gotthard! 2. Oktober 1954

wird, mit den „Roten Pfeilen". In den Hintergrund traten die Gesellschaftsfahrten jedoch anlässlich der EXPO 1964. Damals musste, wie bereits im vorangehenden Kapitel erwähnt, jede verfügbare Triebachse für den Fahrplandienst herangezogen werden. Auch der 1971 eingetretene Aufschwung im Güterverkehr ging zu Lasten des Ausflugsverkehrs. Doch bereits vier Jahre später konnten sich die Ausflügler wieder an den „Roten Pfeilen" erfreuen. Jedoch wurde deren Anzahl zunehmend kleiner und die Fahrten dementsprechend weniger. Es würde den Rahmen dieses Buches bei weitem sprengen, wenn hier jede einzelne Gesellschaftsfahrt aufgeführt wäre. Deshalb sollen nachfolgend bloss einige ausgewählte Ereignisse aufgeführt werden, die zum Teil auch Geschichte schrieben:

1946: Im Frühherbst weilte der Britische Kriegs-Premierminister Sir Winston Churchill in der Schweiz, wo er am 19. September in Zürich seine weltberühmte Rede an die Schweizer

BILD: KARL MEYER

Jugend hielt. Für seine Fahrten von Pregny nach Bern und weiter nach Zürich stellten die Bundesbahnen Churchill ihren „Landi-Pfeil" zur Verfügung. Ab diesem Zeitpunkt nannte man den Doppeltriebwagen mehrheitlich „Churchill-Pfeil".

1955: In diesem Jahr machte der Kaiser Haile Selassie von Aethiopien einen Staatsbesuch in der Schweiz, wofür ihm die SBB ihren zu diesem Anlass gediegen ausgestatteten und geschmückten Schnelltriebwagen RBe 4/8 Nr. 661 zur Verfügung stellten. Die Einreise des Kaisers erfolgte am 25. November in Basel, worauf der Extrazug nach Hindelbank fuhr. Einen Tag später bereiste Haile Selassie die Ostschweiz, um von dort am 28. November nach Genève zu fahren. Noch am selben Tag reiste der Kaiser über Buchs SG nach Wien. Hierfür war allerdings nicht mehr rote „Doppelpfeil" eingeteilt.

1960: Am 1. März fand mit einem der beiden RAe 4/8 eine Gesellschaftsfahrt von Le Locle nach Thayngen statt. Auf der damals noch nicht elektrifizierten Strecke Schaffhausen–Thayngen war der rote „Doppelpfeil" am Schluss eines fahrplanmässigen DB-Dampfzuges angehängt! Am

BILD: MFO/ARCHIV VERKEHRSHAUS

Schnelltriebzug Re 8/12 Nr. 501 auf einer Vorführfahrt ins Tessin mit Zwischenhalt in Göschenen

Balsthal
RBe 2/4 202
UIC

APIERFABRIK
BALSTHAL
SBB CFF FFS

Nicht selten waren die Roten Pfeile anlässlich von Ausflugsfahrten auch auf der BLS anzutreffen. Das Bild entstand unweit von Brig

22. Juni des gleichen Jahres besuchte zudem der Argentinische Staatspräsident Frondizi die Schweiz. Er benutzte für seine Fahrt von Bern nach Kloten über Wettingen, Oetelfingen den RAe 4/8 Nr. 1022, der seinerseits noch einen Gepäckwagen D4ü mitführte.

1964: Im Oktober machte der Bäcker-, und Konditorenmeisterverband eine Propagandafahrt mit dem Titel „Schweizerwoche und Weggen“. Der hierfür verwendete RAe 4/8 Nr. 1022 war auf den Seitenwänden speziell angeschrieben.

Roter und Blauer Pfeil (OeBB-RBe 2/4 Nr. 202, ehem. SBB-1007 sowie SBB-RAe 2/4 Nr. 1002) in Balsthal

1965: Vom 25. September bis zum 3. Oktober unternahm die Arbeitermusik Bern einen Ausflug nach Wien. Als Reisefahrzeug diente wiederum der Doppeltriebwagen 1022, welcher für Fahrten in Österreich mit einem breiteren Stromabnehmerschleifstück ausgerüstet werden musste.

1975: Ab diesem Zeitpunkt waren die Aktivitäten der verbliebenen „Roten Pfeile“ zu neuem Leben erweckt worden, nachdem, wie bereits erwähnt, die Ausflugsfahrten zwischen 1971 und 1974 infolge des Aufschwunges im Güterverkehr massiv zurückgestellt werden mussten. Zwischen September und Oktober 1975 fanden denn auch nicht weniger als 38 Gruppenfahrten mit den roten „Doppelpfeilen“ statt. Gute Kunden waren dabei die Eishockey-Supporter, welche ab Biel gleich beide RAe 4/8 (Nrn. 1022 und 1023) nach dem Tessin anforderten.

Bilder: Bruno Hitz (Seiten 102/103), Slg. SVEA (Seite: 104)

1976: Eine Sonderfahrt nach Lenzburg war an und für sich nichts Spezielles. Doch wenn sich hier gleich alle drei „Roten Doppelpfeile" trafen, so deutete dies doch auf ein besonderes Ereignis hin. Anlässlich der Bauknecht-Tagung am 7. April führten die SBB in insgesamt fünf Extrazügen 600 geladene Gäste nach Lenzburg. Nebst zwei reinen Erstklasskompositionen nahmen an dieser Sternfahrt auch die drei Gesellschaftstriebzüge RAe 4/8 Nrn. 1021–1023 teil.

1985: Am 21. März unternahmen die Bundesbahnen selbst eine Extrafahrt mit ihrem RAe 2/4 Nr. 1001 nach Romanshorn und feierten damit eher intern das Jubiläum „50 Jahre Roter Pfeil". Auf einer Stationsdistanz durfte der Schienenveteran sogar den letzten noch vorhandenen ABDi-Wagen mitführen. Fast auf den Tag genau 50 Jahre zuvor befuhr ja bekanntlich der gleiche Triebwagen die selbe Strecke anlässlich seiner „Jungfernfahrt".

Als Speisen im Zug noch ein Erlebnis war, allerlei Köstlichkeiten im Barabteil des Churchill Pfeils

Seiten 102/103: Extrazug mit RAe 4/8 Nr. 1023 im Seetal bei Birrwil am 12. Mai 1985

1986: Nach seiner gelungenen Herrichtung zum historischen Fahrzeug brachte der strahlend schön restaurierte RAe 2/4 Nr. 1001 am 19. November eine Gesellschaft von Bern nach Zell im Wiesental (Deutschland).

Sofern das Stromsystem und die Spannung stimmte, kamen Sonderfahrten ins Ausland hin und wieder vor. Hierfür musste jedoch das Schweizer Stromabnehmerschleif-

Der RCe 2/4 Nr. 607 ist mit seiner Gesellschaftsfahrt in Capolago eingetroffen (23.05.1948)

Bilder: Slg. Eduard Alt/Foto-Service SBB (oben), Slg. Siegenthaler (unten)

CFF FFS
SBB CFF FFS

Oben: Ohne Elektrizität gehts halt nur noch mit Hilfe von thermischen Fahrzeugen!

stück gegen ein breiteres (DB/ÖBB-taugliches) ersetzt werden. Zum Einsatz kamen in Deutschland und Österreich sowohl die kleinen „Roten Pfeile“, die „Doppelpfeile“, wie auch die „Tatzelwürmer“.

Unten: Schön bekränzter Landi-Pfeil anlässlich der Elektrifizierung der Strecke Solothurn–Herzogenbuchsee

Bilder: Slg. Heinz Sigrist (oben), Foto-Service SBB (unten)

3/3 Probe- und Versuchsfahrten

Für Versuchsfahrten zwecks neuer Stromabnehmer für die künftigen TEE-Züge RAe weilte der RABFe 8/12 Nr. 1041 I öfters im Wallis (20.03.1959)

Bild: Slg. Siegenthaler

Bild: Karl Meyer

Vor der Auslieferung durch die Industrie an die Bundesbahnen musste sich jeder Triebwagen bzw. Triebzug einer eingehenden Werkprobefahrt unterziehen lassen. Anschliessend folgten weitere Probe-, Mess-, und auch Instruktionsfahrten für das Lokpersonal, ehe die Fahrzeuge dem fahrplanmässigen Verkehr übergeben werden konnten. Doch auch jetzt waren die Versuchsfahrten keinesfalls abgeschlossen. Gerade die „Tatzelwürmer" (vor allem die drei- bzw. die vierteilige Version) wurden wegen ihrer für damalige Verhältnisse recht hohen Geschwindigkeit von 150 km/h immer wieder für Testfahrten herangezogen. Nachfolgend sind einige interessante Ereignisse in zeitlicher Reihenfolge wiedergegeben:

Schon die erste Ausfahrt eines Schnelltriebwagens nutzten die Herstellerfirmen zum Abtasten des oberen Geschwindigkeitsbereiches, denn am 25. März 1935 erreichte der damalige CLe 2/4 Nr. 201 (heutiger RAe 2/4 Nr. 1001) auf seiner Werkprobefahrt von Winterthur nach Romanshorn und zurück bis Zürich eine Geschwindigkeit von 147 km/h. Zugelassen waren später im Regelbetrieb bloss noch 125 km/h. Auf Schweizer Geleisen war dies für die damalige Zeit jedoch eine hohe und noch nie dagewesene Reisegeschwindigkeit.

Mit der Ablieferung des ersten „Tatzelwurms" reizte es die Verantwortlichen erneut, die technischen Grenzen auszuprobieren. Nach besonderen Si-

3/5 Verbleib der „Roten Pfeile“

Der OeBB-Pfeil, RBe 2/4 Nr. 202, „eingeklemmt“ zwischen zwei Re 4/4 I bei Burier

Unmittelbar nachdem die EXPO am 25. Oktober 1964 ihre Pforten schloss, begann der Niedergang für die „Roten Pfeile“. Bis heute sind der Nachwelt insgesamt vier solche Fahrzeuge erhalten geblieben, drei davon sogar noch fahrtauglich. Nachfolgend ist der Verbleib aller „Roten Pfeile“ kurz aufgeführt. Die genauen geschichtlichen Daten über die Triebwagen sowie deren zahlreiche Umzeichnungen und Umnummerierungen können den Tabellen in diesem Kapitel entnommen werden.

Die Ausrangierung der kleinen „Roten Pfeile“

Sofort nach dem Expo-Ende pensionierte man die ehemaligen „Dieselpfeile“. Nachdem die HW-Zürich alle noch brauchbaren Teile ausgebaut hatte, besorgte die HW-Olten zu Beginn des Jahres 1965 den Abbruch der Wagenkasten sowie der Drehgestelle. Ein Kabelbrand setzte den RBe 2/4 Nr. 1005 ausser Gefecht, so dass dieser im November 1966 ebenfalls ausrangiert wurde. Der Dezember 1967 bliess das Lebenslicht des Triebwagens 1006 aus. Zuvor fuhr er aber noch während rund fünf Monaten als „rollende Jugendbuchausstellung“ durch die Schweiz. Bereits im Januar 1968 quittierte mit der Nummer 1003 der nächste „Rote Pfeil“ seinen Dienst. Da dieses Fahrzeug jedoch für das Verkehrshaus bestimmt war, remisierte man den Triebwagen vorerst in einem Schuppen. Der RBe 2/4 Nr. 1004 erlebte seine erste Ausrangierung im Mai 1968. Doch wollte man den Veteranen

BILD: PATRICK RUDIN

Am 16. April 1997 traf der RAe 2/4 Nr. 1001 in Koblenz den DB-928 238

zuerst noch als Schülerzug im Raum Basel einsetzen, weshalb die endgültige Ausrangierung erst Ende 1968 vollzogen wurde. Am 22. Februar 1969 fuhr der Triebwagen 1004 schlussendlich aus eigener Kraft ins Tessin zu seiner letzten Ruhestätte! Im Januar 1974 konnte der RBe 2/4

1981 war der OeBB-Pfeil noch blau lackiert. Hier sehen wir den RBe 2/4 Nr. 202 bei der Durchfahrt in der Klus

BILDER: CHRISTIAN FRAUENKNECHT (OBEN), BEAT BRUHIN (UNTEN)

Nach einer Pinselrevision präsentiert sich der RCe 2/4 Nr. 203 vor dem Depot F in Zürich. Danach gings für den verdienten Ruhestand ins Verkehrshaus nach Luzern! Frühling 1982

Nr. 1007 an die Oensingen–Balsthal-Bahn verkauft werden und am 29. April 1984 ereilte den Wagen 1002 in Othmarsingen ein Kabelbrand, worauf das Fahrzeug im August wegen seines schlechten Allgemeinzustandes ausrangiert wurde. Übrig bleibt den Bundesbahnen somit nur noch der RAe 2/4 Nr. 1001.

Ein „Roter Pfeil" für das Verkehrshaus

Nach seiner Ausrangierung im Januar 1968 wurde der RBe 2/4 Nr. 1003 wie bereits erwähnt nicht abgebrochen, sondern zwecks einer späteren Aufstellung im Verkehrshaus der Schweiz in Luzern vorerst in einem Schuppen in Sion remisiert. Seinen ersten Auftritt im Verkehrshaus erlebte der „Rote Pfeil" allerdings erst im Sommer 1974. Ab dem 1. Juli 1982 nahm der Triebwagen in der frisch umgebauten und neueröffneten Schienenverkehrshalle seinen definitiven Platz im Verkehrhaus ein. Als RCe 2/4 Nr. 203 bezeichnet, gibt er in ungefähr die Zeitspanne der Vierzigerjahre wieder. Zum Fotografieren

BILD: ARCHIV VERKEHRSHAUS

eignet sich der wunderschön restaurierte „Rote Pfeil“ nicht sonderlich, da er eingeklemmt zwischen anderen Schienenoldies seinen wohlverdienten Ruhestand geniesst.

BILD: BRUNO HITZ, S. 118/119: HEINZ SIGRIST

Ein „Blauer Pfeil“ für die OeBB

Zwischen 1970 und 1973 war der Fortbestand der im Kanton Solothurn gelegenen Oensingen–Balsthal-Bahn OeBB schon einmal gefährdet, doch entschied man sich damals für die Beibehaltung der rund vier Kilometer langen Privatbahn. Weil aber die vorhandenen Geldmittel für einen Neubautriebwagen nicht ausreichten, erwarb das Bahnunternehmen im Januar 1974 von den SBB deren „Roten Pfeil“ RBe 2/4 Nr. 1007. Dieser wurde darauhin in der HW-Zürich revidiert und mit einem himmelblauen Anstrich versehen. Am 27. März 1974 traf der nun als RBe 2/4 Nr. 202 bezeichnete „Blaue Pfeil“ in Balsthal ein und diente fortan als Reservetriebwagen für den OeBB-Be 2/4 Nr. 201 (ex BLS). Am 9. August 1985 stiess der „Pfeil“ bei Klus mit dem BDe 2/8 Nr. 203 (ex SEZ) zusammen. Die dadurch entstandenen Schäden waren sehr gering und konnten in der BLS-Werkstätte Spiez rasch behoben werden. Im Jahre 1989 endete die himmelblaue Epoche am RBe 2/4 Nr. 202, als die OeBB beschloss, ihren „Pfeil“ wieder artgerecht rot zu lackieren. Diese Arbeit besorgte ebenfalls die BLS in Spiez.

Heute ist der „Rote Pfeil“ nur noch für Extrafahrten im Einsatz. Doch die OeBB hat den Wert dieses Veteranen längst erkannt. Zusammen mit dem Gepäcktriebwagen RFe 4/4 Nr. 601

Seiten 118/119: RAe 2/4 1001 als Extrazug 34032 bei Aigle. (11. Juni 1991)

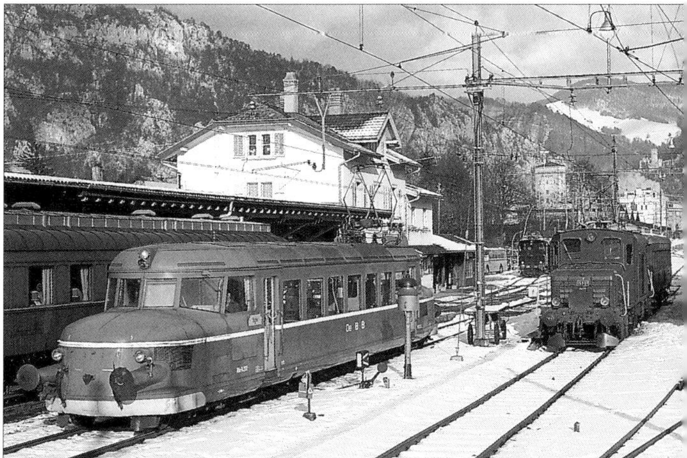

OeBB-RBe 2/4 Nr. 202 neben De 6/6 Nr. 15301 in Balsthal am 28. Januar 1984

Der „Jura-Pfeil“

Bez.	Nr.	Ablieferung	SLM-Nr.	Bez./Nr. (1951)	Bez. (1956)	Nr. (1959)	Ausrangierung	Verbleib
Ce 2/4	701	12.11.1938	3642	RCe 2/4 621	RBe 2/4	1010	31.05.1977	Abbruch

Der „Churchill-Pfeil“

Bez.	Nr.	Ablieferung	SLM-Nr.	Bez. (1944)	Nr. (1948)	Bez. (1956)	Bez./Nr. (1959)	Ausrangiert
Re 4/8	301	03.05.1939	3689	RBe 4/8	651	RAe 4/8	RAe 4/8 1021	31.12.1979

Bemerkungen: Im März 1985 an Intraflug verkauft, 1985 bis 1994 in Deutschland remisiert / Seit 1994 wieder in der Schweiz, Eigentum des Reisebüros Mittelthurgau / seit September 1996 wieder in Betrieb (RMT-RAe 506 605-8)

Die „ Roten Doppelpfeile“

1. Bez.	1. Nr.	Ablieferung	Bez. (1956)	Nr. (1959)	Ausrangierung	Verbleib
RBe 4/8	661	04.07.1953	RAe 4/8	1022	31.12.1979	Abbruch
RBe 4/8	662	19.08.1953	RAe 4/8	1023	30.11.1985	Abbruch

BILD: BRUNO HITZ

künftig als historischer Vertreter dieser unvergesslichen Fahrzeuggattung der Nachwelt erhalten zu bleiben. Seither ist der RAe 2/4 Nr. 1001 dem Depot Bern zugeteilt, von wo aus er ab und zu ein paar kleinere Ausfahrten absolvieren kann. Auch bei den zwischendurch stattfindenden Bahnhoffesten ist der legendäre Schienenflitzer immer wieder ein gern gesehener Gast! Im Depot Bern sind zurzeit neun Lokführer auf dem „Roten Pfeil" instruiert, welche gleichzeitig die Pflege und den Kleinunterhalt am RAe 2/4 ausführen. Die gleiche Lokführergruppe betreut auch die beiden in Bern beheimateten historischen Loks Ae 3/5 Nr. 10217 sowie Ae 3/6 I Nr. 10700.

Wechselvolles Leben der „Tatzelwürmer"

Bereits knapp zwei Jahre nach seiner Inbetriebnahme musste der dreiteilige Schnelltriebzug Re 8/12 Nr. 501 nach dem verheerenden Depotbrand vom 14. August 1939 in Rorschach ausrangiert und zum Zweiwagenzug Re 4/8 Nr. 311 umgebaut werden. In diesem Zustand verkehrte er (zuletzt als RABFe 4/8 Nr. 1031) von 1941 bis 1962. Stark angerissene Antriebszahnräder zwangen schlussendlich zur Ausserbetriebsetzung des Triebzuges.

Der zweite dreiteilige Schnelltriebzug (zuletzt als RABFe 8/12 Nr. 1041 I) musste nach seinem Brand vom 13. August 1961 ebenfalls weggestellt werden. Jedoch stand die EXPO 1964 vor der Tür und verlangte den Einsatz von jedem noch irgendwie brauchbaren Triebfahrzeug. Nachdem zuerst ein Totalumbau der beiden „Tatzelwürmer" (inklusive Einbau der Zug- und Stossvorrichtungen) vorgesehen war, reifte immer mehr die Idee, aus beiden havarierten Zügen eine einzige vierteilige Einheit zu machen.

Dies wurde bis zum April 1964 auch ausgeführt, wobei man für den „neuen" RABDe 8/16 Nr. 1041 II noch folgende Wagen weiterverwendete:

Während der „Rail-In 88" verkehrte der RAe 2/4 Nr. 1001 als „Taxi" zwischen den Bahnhöfen Interlaken-West und Ost 17. 08.1988)

RABDe 8/16 Nr. 1041 II als Eilzug 915 zwischen Embrach und Pfungen

BILD: RAINER SIEGENTHALER

Schon Sir Winston Churchill hat sich über die Fahrt im Landi-Pfeil, wie er damals noch hiess, gefreut. Das Fahrzeug kommt heute wieder bei Gesellschaftsfahrten zum Einsatz

Wagen I	ehemals Nr. 1031/I
Wagen II	ehemals Nr. 1031/II
Wagen III	ehemals Nr. 1041/II
Wagen IV	ehemals Nr. 1041/III

Abgebrochen wurde vorerst lediglich der brandgeschädigte Triebwagen Nr. 1041/I. Die Restlebensdauer des RABDe 8/16 Nr. 1041 II betrug jedoch nunmehr vier magere Jahre, da der Triebzug zusehends unter Altersbeschwerden litt. Fahrmotordefekte und automatische Türen, die ihren Dienst mehr schlecht als recht verrichteten, zwangen die SBB im Juni 1968 schliesslich zur Ausmusterung des letzten „Tatzelwurms".

Der Niedergang des Einzelgängers „Jura-Pfeil" kündigte sich eigentlich schon 1971 an, als er wegen starker Fahrmotorschäden abgestellt werden musste. Notdürftig repariert, durfte der Triebwagen ab dem Dezember des gleichen Jahres wenigstens wieder mit 60 km/h verkehren. Nach einer weiteren Reparatur liess man ab 1975 sogar wieder 80 km/h zu. Doch das Ende des „Jura-Pfeils" war nicht mehr fern, weshalb die Mitglieder des SEAK im März 1977 eine Abschiedsfahrt mit dem Veteranen unternehmen wollten. Soweit kam es jedoch nicht mehr, denn zwei Tage davor, am 24. März 1977 hatte sich der RBe 2/4 Nr. 1010 nach einem weiteren Schaden endgültig zur Ruhe gelegt. Als Nachfolger übernahm ein Be 4/6-Triebwagen mit einem BDt-Steuerwagen die Rorschacher-Hafenzüge. Alles was vom „Jura-Pfeil" nicht mehr brauchbar war, wurde an Eisenbahnfans versteigert. Ein Privatinteressent wollte das einzigartige Fahrzeug sogar kaufen und in seinem

BILD: SLG. EDUARD ALT/FOTO-SERVICE SBB

früheren Einsatzgebiet im Jura (Courtelary) als Restaurant aufstellen. Das Vorhaben scheiterte und so wurde der „Jura-Pfeil“ 1978 abgebrochen.

Das Come-back des „Churchill-Pfeils“

Bereits im August 1978 legte ein Transformatorschaden den „Churchill-Pfeil“ lahm, was eine fast einjährige Reparatur zur Folge hatte. Auf der Probefahrt am 16. Juli 1979 verabschiedete sich der reparierte Transformator II erneut, weshalb die Bundesbahnen den Doppelpfeil auf Ende des gleichen Jahres endgültig ausrangierten. Weil zuerst ein Platz im Verkehrshaus vorgesehen war, überführte man 1980 den RAe 4/8 Nr. 1021 zwecks Remisierung vorerst nach Renens. Um 1984 sah es für den „Churchill-Pfeil“ gar nicht gut aus, da die SBB nach der VHS-Absage keine weitere Verwendung für ihn hatten. Ein Inserat in der Schweizer Eisenbahn Revue Nr. 5/1984, worin der „Doppelpfeil“ von den Bundesbahnen zum Schrottpreis an eine private Trägerschaft abgegeben würde, rettete den „Churchill-Pfeil“ glücklicherweise vor dem drohenden Abbruch. Allerdings stellte man von Seiten der SBB her die Bedingung, dass der Triebwagen von ihren Geleisen zu entfernen sei und an einen bewilligten, wie auch geschützten Abstellplatz gebracht werden müsse. Schon im März 1985 kaufte das deutsche Reisebüro Intraflug AG den RAe 4/8 zum Schrottpreis von 12 000 Franken und überführte den Zug im April gleichen Jahres nach Freiburg im Breisgau. Dort und zeitweise auch in Mannheim remisiert, wartete der „Churchill-Pfeil“ vergeblich auf seine teure, aber doch vorgesehene Restaurierung. Denn die Firma Intraflug AG hatte plötzlich mit finanziellen Problemen zu kämpfen und verkaufte schlussendlich den ganzen Schienenfahrzeugpark an das Reisebüro Mittelthurgau (RMT). Glück im Unglück für den RAe 4/8 Nr. 1021, denn durch diesen Umstand kehrte er am 12. Juli 1994 in die Schweiz zurück. Bis zur Wiederinbetriebnahme sollten noch zwei Jahre vergehen, in denen sich die Projektleiter über nicht gerade kleine Probleme und Fragen Gedanken machen mussten. Die Revisionsarbeiten besorgte die SOB-Werkstätte in Samstagern und im Sommer 1996 erstrahlte der „Churchill-Pfeil“ endlich in neuem Glanz. Die Probefahrten absolvierte der „Doppelpfeil“ meist auf dem steigungsreichen Netz der SOB, wobei teilweise eine Re 446 als Vorspann diente!

Mit dem Revisionsdatum vom 13. September 1996 konnte der RAe 506 605-8, wie er neu zusätzlich heisst, ins zweite Leben entlassen werden. Seither ist das Fahrzeug in Zürich stationiert und unternimmt oft Gesellschaftsfahrten.

Der „Churchill-Pfeil“, hier in der SOB-Werkstatt Samstagern wurde im Jahre 1996 umfassend restauriert. Dabei erhielt er auch eine zeitgemässe Inneneinrichtung

BILD: BEAT BRUHIN

Der Doppeltriebwagen RAe 4/8 bei Bellinzona (27.04.1995)

Unehrenhafter Abgang der Doppeltriebwagen 1022 und 1023

Der RAe 4/8 Nr. 1022 wartet nach dem Zusammenstoss vom Januar 1977 auf seinen Abbruch, HW Zürich, (24.06.1978)

Nach dem Unfall in Schmitten vom Januar 1977 wurde der RAe 4/8 Nr. 1022 vorerst mit eingedrücktem Führerstand im HW-Areal von Zürich abgestellt. Es folgten anschliessend monatelange Diskussionen über eine allfällige Reparatur oder den Abbruch, währenddem die HW-Zürich den Zug bereits als Ersatzteilspender für die Nr. 1023 brauchte. Am 11. Dezember 1979 entschied sich die SBB-Generaldirektion für den Abbruch des Doppeltriebwagens, worauf er offiziell ausrangiert wurde.

Nach dem Ausscheiden des RAe 4/8 Nr. 1022 verblieb den SBB nur noch die Einheit 1023 sowie zwei kleine „Rote Pfeile“ für den Gesellschaftsverkehr. Doch der RAe 4/8 Nr. 1023 war auch nicht mehr im besten Zustand, da nebst der dringend sanierungsbedürftigen Heizungseinrichtung auch die Laufeigenschaften zusehends schlechter wurden. Die Fahrgasträume hätten ebenfalls eine gründliche Auffrischung nötig gehabt.

Die dafür errechneten Kosten von rund einer Million Franken standen nach Ansicht der SBB allerdings in keinem vertretbaren Rahmen mehr, weshalb die Ausrangierung des „Doppelpfeils“ für den Februar 1986 vorgesehen war. Anschliessend sollte das Fahrzeug an die OeBB verkauft werden, und dort deren verunfallten BDe 2/8 Nr. 203 ersetzen. Doch der vernichtende „rote Hahn“ liess das bereits zugesagte Geschäft platzen. Nach dem Brand in Rotkreuz strichen die Bundesbahnen den RAe 4/8 Nr. 1023 noch gleichentags aus sämtlichen Tarifunterlagen und rangierten den verwüsteten Triebzug aus.

Bilder: Beat Bruhin (oben), Bruno Hitz (unten)

MODELLBAHN 4

Rote Pfeile müssen nicht immer rot sein: . Nachbildungen aller möglichen Fahrzeuge aus den verschiedensten Epochen bereichern den Modellbahnmarkt

4/1 Der Rote Pfeil auf der Modellbahn

Heute schauen auch die Hersteller in der Modellbahn-Branche gebannt auf die Marktanteile und dabei sogar auf die Stellen hinter dem Komma; da ist es kaum mehr verwunderlich, wenn Modelle von markanten Fahrzeugen fast gleichzeitig wie ihre Vorbilder erscheinen. Doch für die Dreissigerjahre erstaunt es schon ein wenig, dass die ersten Modelle noch im gleichen Jahr – also wenige Monate nach dem Vorbild – zum Verkauf angeboten wurden. Dazu hat sicherlich die Tatsache beigetragen, dass damals Schnelltriebwagen gerade „im Trend lagen", wie heute vielleicht die Lokomotiven mit Werbebeschriftung. Ausserdem faszinierte das äussere Erscheinungsbild mit den beiden „Schnauzen" nicht nur die Modellbahner, und schliesslich hatte man mit einem einzigen Fahrzeug eigentlich schon einen richtigen Zug im Kinderzimmer, denn der Triebwagen war und ist ja Lok und Personenwagen in einem. Und dieser Vorteil ist bei beengten Platzverhältnissen nicht zu unterschätzen.

Die ersten Modelle

Zu Weihnachten 1935 brachte Märklin ausschliesslich für den Schweizer Markt in der Spurweite 0 einen Roten Pfeil heraus, den man aber als „Pseudo-Modell" bezeichnen muss, weil es sich um eine rot gespritzte Variante des Dieseltriebwagens TWE 12930 handelte, dem die für das Original typischen „Schnauzen" fehlten. Um das Aussehen ein wenig mehr dem Vorbild anzunähern, ersetzte man wenigstens den Dachauspuff durch einen beweglichen Scherenstromabnehmer. Schon nach einem Jahr wurde dieses Modell durch eine originalgetreue Version abgelöst.

Ebenfalls 1935 brachte die Firma „Injecta" im Massstab 1 : 100 einen sogenannten „Bodenläufer" heraus, also ein Fahrzeug, das ohne Schienen auf ebenen Flächen fahren konnte. Deshalb besass das Modell, das aus

BILD: RONALD GOHL

BILD: RONALD GOHL

Der „Churchill-Pfeil" von Morep, Massstab 1:87 (H0) war wahlweise mit oder ohne Preiser-Figuren, welche die filigran nachgebildete Inneneinrichtung belebten, lieferbar

Aluminiumspritzguss hergestellt war, auch starre Achsen mit gummibereiften Rädern. Die in den Dreissiger- und Vierzigerjahren produzierten Triebwagen wiesen durchsichtige Fenster auf, die man später aus produktionstechnischen Gründen wegliess. Da das Modell vor allem für kleinere Kinder gedacht war, fehlten auch der Pantograph und die übrigen Dacheinrichtungen. Trotzdem wurde das Gehäuse immer wieder für „Elektrifizierungsversuche" benutzt.

Spur Z

Als einziger Lieferant hat bisher der Kleinserienhersteller „Railex Modellvertrieb" in Stuttgart einen Roten Pfeil in der kleinsten Spurweite geliefert, und zwar einen mit dem einachsigen Skianhänger. Interessanterweise ist der Motor im Skianhänger untergebracht, weil im Triebwagen nicht genügend Platz war.

Spur N

Vorbild für das Modell, das die Firma Bänninger in Winterthur herausgebracht hat, war der Triebwagen mit der zwischen 1947 und 1956 üblichen Beschriftung RCe 2/4 Nr. 603, wie er auch im Verkehrshaus der Schweiz ausgestellt ist. Der Triebwagen, der ganz aus Metall gefertigt ist und einen hohen Detaillierungsgrad aufweist, wird auf zwei Achsen angetrieben, benötigt aber aufgrund seiner massstäblichen Länge Kurvenradien von rund 300 mm, was seinen Einsatz im Modellbetrieb einschränkt. Die Lackierung weiss zu überzeugen, und neben dem Antrieb ist auch eine

Das erste einfache WESA-Modell – noch mit recht klobig wirkendem Stromabnehmer und wie das Vorbild ohne Kupplung

Innenrichtung durch die klaren Scheiben sichtbar, soweit der Platz dafür ausreicht. Die Stirnbeleuchtung des Modells, das für Unter- oder Oberleitungsbetrieb eingerichtet ist, erfolgt durch Lichtleitfasern.

Die Firma Gschwander, die früher in Bern tätig war, hat das Bänninger-Modell blau umgespritzt und mit der entsprechenden Beschriftung versehen, so dass auch die blaue Version der Oensingen–Balsthal-Bahn (OeBB) erhältlich war.

Bänninger hat eine neue Ausgabe des Fahrzeugs in roter und blauer Farbgebung angekündigt, doch steht der Lieferungstermin noch nicht fest.

Spur TT (12 mm)

Gegen Ende der Vierzigerjahre stellte die Firma Lytax-Comet in Freiburg im Breisgau etwa zwei Jahre lang einen Roten Pfeil in dieser Spurweite her.

WESA (13 mm)

Auch für diese eher ungewöhnliche Spurweite gab es ab 1953 Rote Pfeile vom Typ RCe 2/4, die aus einem robusten Aluminiumdruckguss hergestellt wurden und über einen kräftigen Gleichstrom-Motor mit Dauerschmierung verfügten. Wie beim Vorbild waren zwei Achsen angetrieben, und die Antriebsräder wiesen einen speziellen Plastik-Belag auf. Das motorisierte Drehgestell besass eine Kupplung, so dass auch ein Anhängewagen mitgeführt werden konnte. Das 21 cm lange Fahrzeug, dessen Vor- und Rückwärtsfahrt vom Transformator aus ferngesteuert werden konnte, brachte 410 Gramm auf die Waage und konnte ohne Anhängewagen eine Steigung bis zu 300 ‰ bewältigen. Die Farbgebung entsprach – auch hinsichtlich des Rottones – dem Vorbild, da das Dach aluminiumfarbig gespritzt war und die hellgraue bzw. rote Schürze mit den unterschiedlichen Anstrichen der Originale übereinstimmte. Die Beschriftung bestand aus Buchstaben

Bild: Ronald Gohl

mit Zierlinien, die Baureihen-Bezeichnung „RCe 2/4“ war angebracht, doch fehlte die Betriebsnummer, dafür trugen alle Fahrzeuge unter dem seitlichen Cockpitfenster die Aufschrift „WESA“. Eine Innenbeleuchtung war vorhanden, doch verhinderten die mattierten Cellophanscheiben den Einblick in das Innere des Fahrzeugs. Auf den Roten Pfeil der Serie I, der die ursprünglichen Stummel statt der Puffer und einen relativ klobigen Scherenstromabnehmer besass, folgte ein Triebwagen der Serie II, diesmal mit Puffern und einem schlankeren Pantographen. Ausserdem gab es den Blauen Pfeil der Oensingen–Balsthal-Bahn und den zweiteiligen „Churchill-Pfeil“, der in zwei Teilen geliefert wurde, so dass man zur Montage zunächst das Gehäuse entfernen, dann die beiden Triebwagenteile zusammenstecken und schliesslich wieder das Gehäuse montieren musste. Es existierte noch ein blauer „Rangierpfeil“, dessen Entstehungsgeschichte nicht bekannt ist.

Offensichtlich wurden die Roten Pfeile zum erfolgreichsten Modell von WESA. Weitere Informationen sind im WESA-Museum in Wettingen erhältlich (Kontaktperson: W. F. Schneider; Tel: 056 / 426 22 34).

Spur H0

Der „Urgrossvater“ aller H0-Modelle vom Roten Pfeil dürfte das Fahrzeug sein, das die Firma Märklin zwischen 1936 und 1939 in der damals üblichen Spurweite 00 hergestellt hat und das nur relativ geringe Ähnlichkeit mit dem Vorbild aufweist, da es sich um den farblich angepassten Dieseltriebwagen TWE 700 (bzw. TWE 700B) handelt. Das Modell zählt bei den Kennern zu den gesuchten Raritäten. Die vorbildgetreuen „Schnauzen“ weist hingegen ein Handmuster, also ein Unikat, auf, das ebenfalls in den Dreissigerjahren hergestellt wurde und heute seinen Platz im Museum der Firma Märklin hat.

Mitte der Achtzigerjahre brachte Märklin ein Modell des Roten Pfeils heraus, dem das im Verkehrshaus ausgestellte Fahrzeug RCe 2/4 Nr. 603 (RBe 2/4 Nr. 1003) Pate stand und das das Vorbild massstabsgetreu wiedergibt. Wie bei Märklin üblich, bestand das Untergestell des detailliert ausgeführten Modells aus Metall, das Gehäuse aus Spritzguss, was ein Gewicht von 475 Gramm ergab. Sämtliche Details, z.B. die Lüfter, Gitter und kleinen Türen sowie die Zughaken zwischen den schlanken Puffern, sind vorbildgerercht vorhanden, auch die lupenreine Beschriftung entspricht dem Original. Allerdings verwehren die mattierten Fenster den Blick ins Fahrzeug-Innere. Der Triebwagen, bei

Ein kurioses Fahrzeug, das wir der Phantasie der WESA-Leute verdanken. Ein Blauer Pfeil, womöglich der OeBB, als Rangier-Traktor

BILD: RONALD GOHL

Die versammelten Roten und Blauen Pfeile aus der WESA-Produktion: Ganz vorne das Modell der Serie II, wesentlich detaillierter ausgeführt. Hinter dem blauen OeBB-Pfeil der zweiteilige Churchill-Pfeil.

dem die beiden Achsen im hinteren Drehgestell angetrieben sind, besitzt eine Innenbeleuchtung, gleichzeitig brennen die beiden Dreispitzsignale an den Stirnfronten. Das Fahrzeug, dessen Stromzuführung von Unter- auf Oberleitung umgeschaltet werden kann, gab es in einer Variante mit einer niedrigeren Geschwindigkeit, die zwar dem Vorbild entsprach, aber nicht mit den übrigen Modell-Lokomotiven kompatibel war, und mit einer angepassten Geschwindigkeit.

1998 brachte Märklin als einmalige, limitierte Sonderserie den Roten Pfeil RCe 2/4 Nr. 605 zusammen mit dem einachsigen Skianhänger heraus, der ja auch im Original keine Betriebsnummer hatte. Beide Fahrzeuge sind detailgetreu nachgebildet und weisen eine Lackierung in einem etwas dunkleren Rotton als die früheren Modelle auf. Der Anhänger kann mit einer einfachen Klipskupplung an- oder abgehängt werden.

Von der Firma Morep aus Lengnau kam der filigran nachgebildete Churchill-Pfeil. Die Angestellten der Kleinfirma fertigten die Fahrzeuge in Handarbeit, made in Switzerland. 1700 Bestellungen für dieses beliebte Fahrzeug lagen denn auch vor, als Basis-Modell 550 Franken kostend. Für einen Aufpreis von 180 Franken gabs 60 kleine Figuren auf den Sitzplätzen.
Drehgestellblenden aus Messing waren ebenso wie aufgesetzte Chrombuchstaben als Option erhältlich. Doch irgendwo ging die Rechnung nicht auf, denn die Firma Morep musste Konkurs anmelden.
Mitte der Fünfzigerjahre brachte HAG den Roten Pfeil RCe 2/4 Nr. 604 in der für diesen Hersteller üblichen Art als robustes Modell mit Metallgehäuse heraus, und zwar für

BILD: RONALD GOHL

Der Blaue Pfeil von Märklin, sehr detailliert, aber nicht mehr im Handel erhältlich.

Gleich- und Wechselstrom. Das Fahrzeug, bei dem die beiden hinteren Achsen angetrieben waren, wurde laufend technisch angepasst und bis 1973 produziert. 1981/82 kam nochmals eine Serie auf den Markt. Obwohl nicht alle Details mit dem Original übereinstimmten, hinterliess der Triebwagen, bei dem die Beleuchtung des Dreispitzsignals mit der Fahrtrichtung wechselte, einen guten Gesamteindruck.

Der Einblick in das Fahrzeug-Innere war wegen der mattierten Scheiben nicht möglich, doch liess sich das Modell von Unter- auf Oberleitung umschalten.

Auch die österreichische Firma „Klein Modellbahn" hatte einen Roten Pfeil, nämlich den RBe 2/4 Nr. 605, im

Churchill-Pfeil von WESA, nicht ganz vorbildgerecht aus zwei „abgesägten" kleinen Roten Pfeilen entstanden. Man beachte die Türen in der Fahrzeugmitte.

BILDER: RONALD GOHL (2)

Programm, der aus einem Untergestell aus Druckguss und einem Gehäuse aus Kunststoff bestand. Das Modell, das mit Gleichstrom auf der Unter- oder Oberleitung betrieben werden konnte und neben einer Inneneinrichtung auch eine Beleuchtung besass, war – wie bei diesem

In den Fünfzigerjahren kam der Rote Pfeil der Schweizer Firma HAG auf den Markt. Er wurde bis 1973 produziert.

BILD: MODELLEISENBAHNEN HAG

Das jüngste Modell des Roten Pfeils: Märklin realisierte 1998 eine limitierte Sonderauflage des Fahrzeugs samt Skianhänger.

BILD: MÄRKLIN

Hersteller üblich – etwas verkürzt, doch versuchte man, das Fahrzeug mit silbernen Zierlinien, die es beim Vorbild nicht gab, optisch zu „strecken". Während der Farbton der Lackierung gut getroffen wurde, fiel die Beschriftung etwas zu gross aus.

Der Schweizer Kleinserien-Hersteller Fulgurex brachte in den Achtzigerjahren sowohl den RAe 2/4 Nr. 1001, der bei einem Umbau in den Fünfzigerjahren verlängert worden war, als auch den RBe 2/4 Nr. 1003 in der ursprünglichen kürzeren Form heraus. Ausserdem war der zweiteilige „Churchill-Pfeil" RAe 4/8 Nr. 1021 im Programm. Diese Messingmodelle waren in der Art, wie man sie von diesem Hersteller gewohnt ist, detailliert, so dass man beispielsweise die Gummirippen auf den Treppen erkennen konnte. Die zierlichen Pantographen besassen die originalgetreuen schmalen Schleifstücke, was bei mancher (nicht so fachgerecht gespannten) Oberleitung zu Problemen führte.
Während die klaren Fensterscheiben einen Blick auf die detaillierte Inneneinrichtung ermöglichten, wurde der Blick in die Führerstände durch mattierte Scheiben verwehrt, denn dort befanden sich die beiden Motoren, die – im Gegensatz zu den allermeisten anderen Modellen – alle vier Achsen antrieben. Selbstverständlich war der Fahrgastraum beleuchtet, und das Spitzensignal wechselte mit der Fahrtrichtung. Eine vorbildgerechte Lackierung und Beschriftung rundeten

den hervorragenden Eindruck der Modelle ab.

In der zweiten Hälfte der Neunzigerjahre gab der Schweizer Kleinserien-Hersteller Lemaco ein Handarbeitsmodell des SBB-Schnelltriebzuges RABFe 8/12 Nr. 1041, genannt „Tatzelwurm", in limitierter Stückzahl heraus. Bei dem dreiteiligen Messingmodell, das eine Gesamtlänge von 792 mm und ein Gesamtgewicht von 1214 Gramm aufweist, wird die korrekte Einreihung des Mittelwagens durch die Kabelstecker bestimmt. Eine vorbildgetreue Nachbildung z.B. der Federpuffer, der Drehgestelle, Bremsgestänge und Räder ist – wie die Wiedergabe der Führerstandseinrichtung – selbstverständlich. Auch die Inneneinrichtung ist voll durchgestaltet, eine Innenbeleuchtung vorhanden. Die Stirnbeleuchtung wechselt mit der Fahrtrichtung, und zwei Faulhaber-Präzisionsmotoren verleihen dem Modell ein Fahrverhalten, das dem Vorbild ebenbürtig ist. Die Stromaufnahme von den Schienen erfolgt jeweils durch den vorne fahrenden Triebwagen, die Umschaltung auf Oberleitungsbetrieb ist möglich. Eine vorbildgerechte Lackierung und lupenreine Beschriftung runden den hervorragenden Gesamteindruck ab.

Der in der Südschweiz beheimatete Kleinserien-Hersteller SMF brachte ein Messing-Modell des Roten Pfeils heraus, das mittels einer Abreibe-Beschriftung mit einer der Bezeichnungen RBe 2/4 Nr. 1003 bis 1007 versehen werden konnte. Das sehr gut detaillierte Fahrzeug, das als Gleich- oder Wechselstrom-Variante hergestellt wurde, besass eine Inneneinrichtung sowie „eingerichtete" Führerstände, in die man dank der

BILD: LEMACO

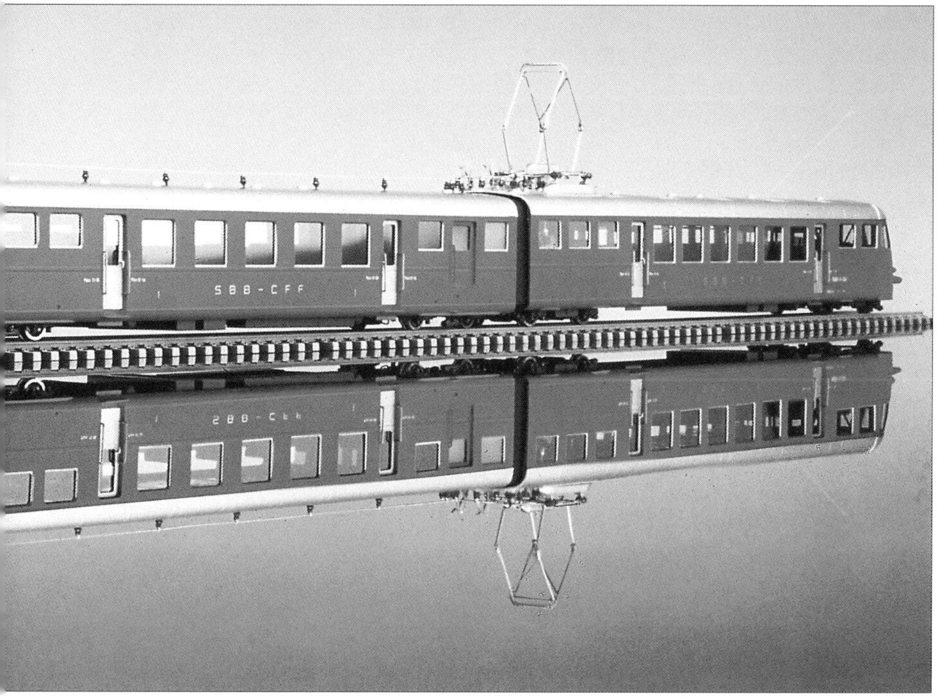

Das einzige Modell, das den „Tatzelwurm" zum Vorbild hat, stammt von Lemaco – es ist, wie aus diesem Hause üblich, hochdetailliert und ein Sammlerobjekt der Spitzenklasse.

Cellophan-Scheiben hineinsehen konnte, während der Blick in den Innenraum aufgrund der leicht getrübten Seitenfenster nicht so leicht möglich war. Auch die Stirnlampen waren sehr fein gestaltet, leider leuchteten sie nicht, was aber den guten Gesamteindruck nur ein wenig beeinträchtigte.

Abschliessend sei noch erwähnt, dass Hans Ammann aus Aegeri 1946 einen zweiachsigen elektrischen Roten Pfeil auf den Markt brachte, der auf dem „Bodenläufer" der Firma Injecta basierte, aber mit einem Elektromotor ausgestattet war.

Spur 0

1936 brachte die Firma Märklin in der grossen Spurweite einen Roten Pfeil als Blech-Modell heraus, der heute wohl zu den begehrtesten Sammlerstücken zählt, obwohl es sich nicht um das vorbildgetreuste Fahrzeug handelt. Doch die saubere Verarbeitung der lithographierten Bleche setzte damals Massstäbe, die sich nicht so leicht übertreffen liessen. Und die Tatsache, dass nicht alle Details nachgebildet wurden, hatte auch den Vorteil, dass es sich um ein echtes Spielzeug für Kinderhände handelte, was man von den heutigen „Super-Modellen" nicht mehr behaupten kann. Es gab das Modell mit einem Uhrwerk- oder Elektro-Antrieb.

Ende der Dreissigerjahre brachte die Nürnberger Firma A. Schuhmann einen weiteren Roten Pfeil auf den Markt, der auf einem bereits vorhandenen Fahrzeug basierte. Bei diesem Modell wurde einer der beiden Stromabnehmer entfernt, und die runden, gerade abfallenden Führerstände bekamen die typischen „Schnauzen" vorgebaut. Der Triebwagen, der ebenfalls aus lithographierten Stahlblechen hergestellt wurde, besass neben einem Uhrwerk radial eingestellte Achsen, so dass er auch ohne Schienen auf dem Fussboden fahren konnte.

Eine „Kleinstserie" von 16 Exemplaren des verlängerten Roten Pfeils hat der Spur 0-Hersteller Hermann fertigen lassen, allerdings erschienen die Fahrzeuge nie in einem Katalog oder auf einer Preisliste. Auch Frisa hat sich dem verlängerten Roten Pfeil gewidmet, während SMF (neben dem H0-Modell) einen „normalen" Pfeil in sehr guter Qualität hergestellt hat, aber diesen gleichfalls in der blauen Variante der Oensingen–Balsthal-Bahn (OeBB).

Spur I

Twerenbold hat in dieser Spurweite nur einen Prototyp des Roten Pfeils hergestellt, während die Luzerner Firma Rail Swiss ein paar Exemplare mehr auf den Markt brachte.

Zum Schluss muss man festhalten, dass im Augenblick (Stand: 1. Hälfte 2000) keine Modelle des Roten Pfeils im Fachhandel lieferbar sind, sondern dass man sich auf Eisenbahn-Börsen oder -Auktionen umsehen muss, wobei allerdings zu beachten ist, dass viele Modelle sehr gesuchte Sammlerstücke sind, die ihren Preis haben.

Register

Abkürzungen

BAV	Bundesamt für Verkehr
BBC	AG Brown Boveri & Cie, Baden
HW	Hauptwerkstätte
MFO	Maschinenfabrik Oerlikon
OeBB	Oensingen–Balsthal-Bahn
RMT	Reisebüro Mittelthurgau
SAAS	Société Anonyme des Atelier de Sécheron, Genève
SBB	Schweizerische Bundesbahnen
SIG	Schweizerische Industriegesellschaft, Neuhausen am Rhein
SLM	Schweizerische Lokomotiv- und Maschinenfabrik Winterthur
SWS	Schweizerische Waggon- und Aufzügefabrik AG, Schlieren

Literatur

C. Jeanmaire – Die elektrischen und Dieselfahrzeuge Schweizerischer Eisenbahnen, Archiv Nr. 37: Die Triebwagen der Schweizerischen Bundesbahnen (SBB). Verlag Eisenbahn, Villigen, 1994.

H. Schneeberger – Die elektrischen und Dieseltriebfahrzeuge der SBB, Band I: Baujahre 1904–1955. Verlag Minirex, Luzern, 1995.

Ein Jahrhundert Schweizer Bahnen 1847–1947, dritter Band: Das Rollmaterial der Normal- und Schmalspurbahnen. Verlag Huber & Co. AG, Frauenfeld, 1957.

Leichttriebwagen der Schweizerischen Bundesbahnen. SBB-Nachrichtenblatt Juli 1934.

H. Brandenberger – Diesel-Leichttriebwagen CLm 2/4 Nr. 101 und 102 der Schweizerischen Bundesbahnen. Schweiz. Technische Zeitschrift Nr. 14, 02. April 1936

Diesel-Leichttriebwagen der Schweizerischen Bundesbahnen. Technische Rundschau Nr. 5, 31. Januar 1936.

Schnellfahrende elektrische Leichttriebwagen der Schweizerischen Bundesbahnen. Bulletin Oerlikon Nr. 165/166, März/April 1935.

Der Einphasen-Leichttriebwagen CLe 2/4 Nr. 202 der Schweizerischen Bundesbahnen. Brown Boveri Mitteilungen Nr. 8, August 1935.

W. Müller – Die leichten elektrischen Triebwagen CLe 2/4 der Schweizerischen Bundesbahnen. Schweizerische Bauzeitung Band 107, Nr. 4, 25. Januar 1936.

F. Steiner – Leichttriebwagen der Schweizerischen Bundesbahnen. Sonderabdruck aus „Organ für die Fortschritte des Eisenbahnwesens", Heft 12 vom 15. Juni 1934.

F. Steiner – Der neue Triebwagen Ce 2/4 Nr. 701 der SBB. SBB-Nachrichtenblatt April 1939.

G. Degen – Der „Jurapfeil", ein neuartiger Schnelltriebwagen der Schweizerischen Bundesbahnen. Bulletin Oerlikon Nr. 226.

Der Doppelschnelltriebwagen Re 4/8 Nr. 301 der SBB. Schweizerische Bauzeitung, Band 114, Nr. 3, 15. Juli 1939.

Der Doppelschnelltriebwagen Re 4/8 Nr. 301. SBB-Nachrichtenblatt, Juli '39.

C. Bodmer – Die Schnelltriebzüge Re 8/12 Nr. 501 und 502 der Schweizerischen Bundesbahnen. Bulletin Oerlikon Nr. 205/206, Juli/August 1938.

Die Steuerung der Schnelltriebzüge Re 8/12 Nr. 501 und 502 der Schweizerischen Bundesbahnen. BBC-Mitteilungen Nr. 9, September 1937.

W. Müller – Schnelltriebzüge der Schweizerischen Bundesbahnen. Schweizerische Bauzeitung, Band 111, Nr. 11, 12. März 1938.

Vom Triebwagen zum Schnelltriebzug – Technische Rundschau vom 10. Dezember 1937.

Die neuen Doppeltriebwagen RBe 4/8 der Schweizerischen Bundesbahnen für den Ausflugsverkehr. Schweizer Technik Nr. 1, 1954.

E. Meyer – Neue Doppeltriebwagen der SBB für den Ausflugsverkehr. SBB-Nachrichtenblatt, September 1953.

Die neuen Doppel-Schnelltriebwagen der SBB. Technische Rundschau Nr. 35, 28. August 1953.

Die zweiteiligen Schnelltriebwagen Serie RBe 4/8 Nr. 661/662 der Schweizerischen Bundesbahnen (SBB). Brown Boveri Mitteilungen Band 41, Nr. 7, Juli 1954.

Gepäckverlad in den „Churchill-Pfeil" im Jahre 1946. Unten: Der „Churchill-Pfeil" nach seiner zweiten Inbetriebnahme. Stolz präsentiert sich Lokführer Eduard Alt vor „seinem" Pfeil, er hat zusammen mit dem Reisebüro Mittelthurgau wesentlich zur Aufarbeitung beigetragen
FOTO-SERVICE SBB, SLG. EDUARD ALT (KLEINES BILD)

Bei GeraMond sitzen Sie bestimmt im richtigen Zug!

Porträts von Lokomotiven oder Straßenbahnbetrieben, Reiseführer, Nachschlagewerke, Erzählungen, Monographien zur Eisenbahngeschichte, Bildbände und vieles mehr:

Weitere Porträts von Schweizer Fahrzeugen bei GeraMond:

Lok 2000
144 Seiten, 130 Abb. (z.T. Farbe), Format 17 x 24 cm, geb., ISBN 3-932785-51-7
nur DM/CHF 39,80

Universallok Re 4/4II+III
144 Seiten, 130 Abb. (z.T. Farbe), Format 17 x 24 cm, geb., ISBN 3-932785-52-5
nur DM/CHF 39,80

Leichtbaulok Re 4/4I
144 Seiten, 120 Abb. (z.T. Farbe), Format 17 x 24 cm, geb., ISBN 3-932785-53-3
nur DM/CHF 39,80

Krokodile. Legende auf Schienen – Normal und Schmalspur
144 Seiten, 130 Abb. (z.T. Farbe), Format 17 x 24 cm, geb., ISBN 3-932785-54-1
nur DM/CHF 39,80

Schweizer Bahnen und ihre Lokomotiven:

Ralph Bernet:
Handbuch Triebfahrzeuge
128 Seiten, 80 Abb. (kompl. Farbe), Format 17 x 24 cm, Broschur, ISBN 3-932785-58-4
nur DM/CHF 29,80

Hans-Bernhard Schönborn:
Bahn-Wunderland Schweiz
160 Seiten, 170 Abb. (durchg. Farbe), Format 17 x 24 cm, geb., ISBN 3-932785-57-6
nur DM/CHF 39,80

Deutsche Loks – z.B.:

Michael Dostal:
Baureihen 112/143
160 Seiten, 140 Abb. (z.T. Farbe), Format 17 x 24 cm, geb., ISBN 3-932785-50-9
nur DM/CHF 39,80

Bahngeschichte – z.B:

Chronik des deutschen Verkehrs 1949
96 Seiten, über 120 Abb., Format 17 x 24 cm, Broschur, ISBN 3-932785-39-8
nur DM/CHF 19,80

Diese und viele weitere Bücher von GeraMond erhalten sie im gut sortierten Buchhandel oder direkt beim GeraMond Verlag, D-80632 München.
Fordern Sie auch gleich unseren Gratisprospekt an: Tel. 0180 – 532 16 16

AGRARHANDEL A.G.
IMPORT - EXPORT
RABDe 4/16 1041